Petra Führmann · Nicole Hoefs · Iris Franzke

Das große Kosmos Spielebuch für Hunde

Petra Führmann
Nicole Hoefs
Iris Franzke

Das große Kosmos Spielebuch für Hunde

KOSMOS

Tricks lernen –
Kein Brief mit sieben Siegeln

Lernprinzipien und Regeln beim Spielen

Ein Gedanken-spiel

Stellen Sie sich vor, Sie beschließen an einem lauen Sommerabend, Ihr lange vernachlässigtes Lieblingsgartenlokal aufzusuchen – das am Waldesrand mit dem gedämpften Licht und der besten italienischen Spezialitätenkarte der ganzen Umgebung, die Sie auf dem Weg dorthin in Gedanken schon einmal voller Vorfreude durchgehen. Am Ort angekommen jedoch – o Graus! – die bittere Erkenntnis: Das Lokal existiert nicht mehr! Stattdessen hat sich ein örtlicher Kegelklub eingemietet, der auch für Nicht-Mitglieder Bockwurst mit Kraut bereithält. Sie werden diesen Ort in der Hoffnung auf einen delikaten Meeresfrüchtesalat nie mehr aufsuchen und reagieren damit nach einem unumstößlichen Grundprinzip des Lernens: Versuch und Irrtum. Ihr Bestreben oder Versuch hat nicht zum Erfolg geführt, sondern zum Misserfolg und es gibt daher keinen vernünftigen Grund, am nächsten Tag erneut zu dem ehemaligen Lieblingsplätzchen zu pilgern.

Und nun stellen Sie sich einmal den umgekehrten Fall vor: Am Ende eines Abendspazierganges entdecken Sie zufällig ein einladendes Lokal mit lauschigem Biergarten an einer Stelle, wo vor Kurzem noch eine bescheidene Imbissbude stand, die ausschließlich von verzweifelten und nicht-ortskundigen Fernfahrern aufgesucht wurde. Sie kehren dort ein – und genießen den besten Salat Niçoise Ihres Lebens und werden noch dazu außerordentlich zuvorkommend behandelt. Die Wahrscheinlichkeit, dass sich Ihr Verhalten – dort einkehren – Salat bestellen – genießen – festigt und Sie zu einem regelmäßigen Gast des Hauses werden, ist hoch. Und auch hier lernten Sie über Versuch und – diesmal nicht Irrtum – sondern Erfolg.

Kleinhunde werden oft unterschätzt, dabei sind sie oft pfiffiger als die „Großen".

Die Verknüpfung

Diese beiden Prinzipien stehen beim Lernen von Tricks oder Spielen auch bei Hunden im Vordergrund und dienen als Grundlage all dessen, was Hunde in diesen Bereichen lernen können. Dabei ist die sogenannte Verknüpfung eine äußerst wichtige Angelegenheit: Hunde lernen an den für sie ganz unmittelbaren Konsequenzen ihres gerade gezeigten Verhaltens. Das Verhalten und die Folge verknüpfen sie miteinander. Eine Verknüpfung kann übrigens nicht nur dann stattfinden, wenn der Mensch ein Verhalten des Hundes gezielt hervorruft, indem er zum Beispiel mit einem über die Nase gehaltenen Leckerchen den Hund zum Sitzen motiviert. Der Hund verknüpft auch solche Dinge, die sich gar nicht an ihn persönlich richten, und zieht daraus seine Schlüsse, wenn die Dinge nur direkt genug aufeinanderfolgen. Einer unserer Hunde etwa, ein für Tricks relativ unaufgeschlossener Zwerg-Rauhaardackel, der mit Frauchen in der Stadt lebt, hat das akustische Ampelsignal für sichtbehinderte und blinde Menschen mit dem erneuten Loslaufen verknüpft. Ertönt das Signal, läuft er auch dann los, wenn Frauchen noch gedankenverloren stehen bleibt – um sich nach einigen Schritten empört nach ihr umzudrehen.

Die Belohnung

Damit sich nun bei Mensch und Hund ein bestimmtes Verhalten festigen kann, muss dieses wie im Fall des Restaurantbesuches und des leckeren Salats von Erfolg gekrönt sein, also eine Belohnung beinhalten, die bei Zwei- und Vierbeinern natürlich höchst individuell als eine solche empfunden werden kann und auch wird. Damit sind wir bei einer ersten Konsequenz angelangt: Der Hund muss beim Erlernen neuer Dinge eine zielgerichtete Belohnung erhalten, damit sich sein Verhalten festigt und er eine Verknüpfung herstellen kann. Diese Belohnung muss außerdem, bis der Hund die gewünschte Handlung zuverlässig zeigt, immer und keinesfalls nur gelegentlich erfolgen. Dazu gehört auch, zu überlegen, wie und vor allem womit der Hund am besten motiviert und belohnt werden kann (siehe ausführlich Seite 15).

Jeder Hund ist anders

Zunächst ist eine genaue und möglichst objektive Betrachtung des eigenen Hundeindividuums, seiner Bedürfnisse und Möglichkeiten, seines Charakters und seiner Veranlagung von Nöten, denn nicht alle Tricks, Lernspiele oder spielerische Sportarten sind für

jeden Hund auch gleichermaßen geeignet. Die Berücksichtigung der körperlichen Voraussetzungen ist dabei in aller Regel für die meisten Besitzer noch eine Selbstverständlichkeit – obwohl man leider mitunter falsch verstandenem Beschäftigungsengagement begegnet. Ein Dackel sollte nun einmal keine hohen Sprunghindernisse überwinden müssen, auch wenn er es mit Freude zu tun scheint. Und viele Kurznasen unter unseren Rassen vertragen die Anforderungen vieler schneller Bewegungsspiele und -sportarten einfach nicht. Neben der körperlichen Konstitution sollten die Bedürfnisse des Hundes in den Blick genommen werden – in der Regel stößt man so sehr schnell auf Dinge, die dem Tier von Haus aus Spaß machen, zu denen es sich begeistern lässt und die ihm gut tun. Hunde, die gern ausdauernd und schnell laufen oder springen, werden zumeist für alle bewegungsverheißenden Tricks und Spielangebote zu haben sein. Solche, die sich im Alltag gern und viel über die Nase orientieren, setzen diese in der Regel auch spielerisch freudig ein. Ruhigere Genossen mögen häufig Dinge, die Geduld erfordern. Ebenso wichtig ist es, darauf zu achten, was aufgrund des individuellen Charakters des Hundes nur eingeschränkt eingeübt werden oder eventuell besser sogar ganz gemieden werden sollte. Dazu gehören im Grunde all jene Dinge, die das Tier entweder zu sehr aufstacheln und schwer kontrollierbar machen oder es schlicht überfordern und frustrieren.

Bewegungsfreudige Hunde langweilen sich oft bei statischen Übungen.

Was passt zu meinem Hund?

Zu erkennen, ob eine bestimmte Übung für den Hund geeignet ist oder nicht, ist gar nicht so schwer. Ein nicht-überforderter Hund arbeitet an der Seite seines Menschen, ohne diesem allzu penetrant durch Hochspringen, Bellen, Anstupsen oder Zwicken in Kleidung und Körperteile auf die Pelle zu rücken, wenn es ihm einmal nicht schnell genug geht. Er entwickelt keinen „Suchtcharakter" und ist auch noch für andere Dinge zu begeistern außer etwa dem zwanghaften Apportieren von Tennisbällen. Tatsächlich begegnet man insbesondere unter den ursprünglichen Arbeitshunden, wie einigen Hütehund- oder Terrierrassen bei ausschließlicher Familienhundehaltung häufig bei bestimmten Beschäftigungen suchtähnlichem Verhalten – diese Hunde sind dann oft nicht mehr in der Lage, eine andere Form der Beschäftigung anzunehmen.

Überforderung erkennen

Einen überforderten Hund erkennt man in der Regel an einer abgeduckten Körperhaltung verbunden mit auffällig häufigem Gähnen oder Über-die-Schnauze-Lecken. Hier kann eine prinzipielle Überforderung ebenso die Ursache sein wie eine momentane, die damit zusammenhängt, dass der Mensch zu schnell vorgeht und zu vieles auf einmal erwartet. Ist Ersteres der Fall, muss man von der entsprechenden Sache Abstand nehmen und sich geeignetere Spiele und Beschäftigungen suchen. Letzteres kann man durch konstruktives Timing und einen motivierenden, schrittweisen Aufbau vermeiden – wie, auch davon wird gleich die Rede sein.

Ängstliche und aggressive Hunde

Hat man einen – aus welchen Gründen auch immer – aggressiven, angstaggressiven oder überängstlichen Hund, sollte dieser immer zuerst einem erfahrenen Hundetrainer vorgestellt werden, um einen individuellen Trainingsplan zur Behebung der Probleme zu erstellen. Beschäftigung in Form von Spielen, Tricks und Sport wirken dabei mitunter sehr positiv, müssen aber auf das entsprechende Tier abgestimmt werden.

Alltagskonsequenzen

Bestimmte Spiele oder Tricks können im Alltag auch ganz unerwartete Folgen haben, darauf werden

Aus dem Apportieren heraus kann man sehr schön ZIEHEN formen.

wir gegebenenfalls hinweisen, damit es Ihnen nicht ergeht, wie einer unserer Kundinnen, die ihrem Leonberger beibrachte, Schubladen zu öffnen. Als sie einmal nicht zu Hause war, räumte der Hund nämlich ihre Apothekerschränke aus und verteilte darin befindliches Mehl, Spaghetti usw. höchst dekorativ auf dem Küchenfußboden – und erwartete dafür die sonst zuverlässig erfolgende Begeisterung seiner Besitzerin. Einem anderen Kunden sprengte sein Hund, der kurz zuvor gelernt hatte Pakete zu öffnen, die Weihnachtsbescherung. Mit den Geschenken der noch recht kleinen Kinder, die gar nicht mehr zu beruhigen waren, hatte er kurzen Prozess gemacht.

Eigene Vorlieben und Wünsche einbringen

Um sich mit seinem Hund spielerisch zu beschäftigen, braucht man Zeit und Lust. Aus diesem Grund sollte man auch auf die eigenen Vorlieben und Wünsche Rücksicht nehmen. Es nutzt auf längere Sicht sicherlich niemandem, wenn Sie sich in einem Dog-Dancing-Kurs abquälen, obwohl Sie sich dort unwohl fühlen, nur weil Ihr Hund gemeinsame Bewegungen mit Ihnen liebt. Denn auf Dauer wird man eine freiwillige Tätigkeit, die einem keine Freude bereitet, ohnehin nicht durchhalten. Es ist wie mit einer Diät oder mit bestimmten Ernährungsvorgaben: Man weiß ganz genau, dass man unbedingt abnehmen oder insgesamt gesünder leben sollte. Doch solange Mensch nicht auch bewusst spürt, dass er sich damit etwas Gutes tut, sind Lebensstilveränderungen in der Regel zum Scheitern verurteilt.

Aufmerksamer
Blickkontakt –
die beste Voraus-
setzung

**Das richtige
Timing**

Zuverlässiges, vom Menschen angeleitetes Lernen steht und fällt
beim Hund mit dem richtigen Timing. Richtiges Timing heißt,
dass der Hund im Lernprozess jederzeit zum richtigen Moment
Bestätigung und Belohnung erhält, die ihm signalisieren: Jaaa,
super, richtig! Dazu benötigt man zunächst einmal ein entsprechendes akustisches Signal, sprich die Stimme, oder, wer möchte,
alternativ einen Clicker (ausführliche Beschreibung Seite 21). Dieses
(kurze!) Signal muss im richtigen Moment erfolgen, will sagen,
genau dann, wenn der Hund die gewünschte Handlung zeigt. Ver-
haltensforscherin Dorit Urd Feddersen-Petersen prägte dafür die
sehr bildhafte und einprägsame Vokabel des „Hineinreagierens".
Häufig ist auch von der 1-bis-2-Sekundenregel die Rede (Wissenschaftler sprechen im Moment sogar von nur 0,7 Sekunden!) und
tatsächlich darf die Bestätigung nicht später erfolgen, da der Hund
sie sonst nicht mehr mit seinem gerade gezeigten Verhalten in Verbindung bringt.

Wer mit der Stimme arbeiten möchte, sollte außerdem deren Möglichkeiten unbedingt nutzen, um erkennbare Freude zu transportieren. Ein Hund, der sein akustisches Bestätigungssignal in der ihn
ohnehin ständig umschwirrenden Alltagstonlage seiner Besitzer
erhält, kann nicht unterscheiden und tatsächliche positive Bestätigung erkennen lernen.

Nach dem obligatorischen **RICHTIG** oder **GUT** muss dann im
unmittelbaren Anschluss eine Belohnung in Form von Leckerchen,
einem kurzen Spiel oder einer kleinen Renneinlage folgen. Hunde
tun vieles, um das Wohlwollen ihrer Menschen zu erhalten einfach

so, aber eben nicht alles. Eine zusätzliche Verstärkung ist also vor allem beim Erlernen von bislang Unbekanntem erforderlich. Später, wenn Verhaltensweisen und Handlungen auf diese Weise gefestigt wurden, kann man auf eine variable bzw. gelegentliche Futter- oder Spielbelohnung umsteigen, da die meisten Hunde beginnen, bereits der Beschäftigung als solcher Belohnungscharakter beizulegen.

Die Futter-belohnung

Wir raten in der Regel, eher mit Futter zu belohnen als mit Spiel, da Bestätigung und Belohnung mit optimalem Timing damit leichter zu realisieren sind. Kleine Leckerchen kann man in einem Futter- oder Bauchbeutelchen stets bei sich tragen und im richtigen Moment schnell greifen. Viele „bällchenverrückte" Hunde können sich beim Anblick ihres Spielzeugs nur noch schlecht auf Anderes konzentrieren und diese starke Fixierung blockiert sie beim Lernen. Bei der Futterbelohnung sollte man nicht zu dem ohnehin üblichen Futter für den Hund greifen, sondern Dinge wählen, die tatsächlich Belohnungscharakter für den Hund haben und verführerisch sind, da es sie im Alltag sonst gar nicht oder nur selten gibt. Kleine Häppchen Käse oder Geflügelwurst sind für viele Hunde sehr attraktiv, bei wählerischen Tieren kann man zu einer der vielfältigen besonderen Leckerchenarten greifen, die der Handel mittlerweile bereithält, wie etwa Lachskekse, Trockenfisch oder -hühnerbrust usw. Man kann die Leckerchen auch innerhalb der Übungen variieren von „Wird gern genommen" bis zu „Der absolute Renner" und Letztere genau dann geben, wenn etwas besonders gut geklappt hat. So erhält der Hund noch einmal die Möglichkeit, Unterschiede zu lernen, da er auch unterschiedlich bzw. verhaltensangepasst belohnt wird.

Auch Hunde mögen Abwechslung.

Eine weitere Variante der verhaltensangepassten Belohnung wäre nach dem **GUT** oder dem **CLICK** ein Jackpot, das heißt eine ganze Handvoll Leckerchen, ein kurzer, gemeinsamer Spurt zum Futternapf oder einer anderen Stelle, an der zuvor (unbedingt unbemerkt vom Hund) ein schmackhafter Hundekuchen hingelegt wurde. Natürlich kann der Hundekuchen auch durch ein Spielzeug ersetzt werden, mit dem dann eben (Achtung: Auch hier zuvor nach richtigem Verhalten des Hundes **GUT** oder **CLICK** nicht vergessen!) kurz gespielt wird.

In jedem Fall sollte die für Übungen gegebene Ration von der täglichen Futtermenge abgezogen werden, damit der Hund weder übergewichtig noch überdrüssig wird und natürlich darf nicht dann geübt werden, wenn das Tier gerade gefressen hat und satt ist (bei größeren Hunden Gefahr der Magendrehung!).

Überlegen Sie genau, was Ihr Ziel ist. In dieser Übung soll der kleine Dackel PLATZ lernen. Der richtige Moment für die Belohnung ist, wenn der Bauch am Boden ankommt.

Was soll bestärkt werden?

Neben der Frage, wie und wann positiv bestärkt und belohnt werden soll, ist das Prinzip des „Was genau soll bestärkt werden?" für den Lernerfolg wichtig. Dabei ist die Erkenntnis, ein Verhalten nicht dadurch hervorrufen zu können, dass man ihm einfach einen Namen oder ein Hörzeichen gibt, sehr wichtig. In der klassischen Hundeerziehung gehen viele Hundefreunde auch heute noch diesen Weg: Sie rufen ihren Hund und erwarten, dass er ihr Signal versteht – und kommt. Sie geben Hörzeichen wie **SITZ** oder **PLATZ** – mal mit Hilfestellung mal ohne – und glauben, der Hund könne am bloßen Wort erkennen, was zu tun sei. Sowohl in der modernen Hundeerziehung als auch beim Erlernen von Tricks und Spielvariationen ist es jedoch effektiver und auch lerntheoretisch schlicht richtiger, eine Verhaltensweise erst einmal ganz ohne Hörzeichen zu provozieren, mit einem akustischen Signal zu verstärken und zu belohnen und erst, wenn sie zuverlässig erlernt wurde, mit einem passenden Wort zu belegen. Bitte verlieren Sie nicht die Lust, wenn das noch etwas theoretisch klingt. Wie das konkret umgesetzt werden kann, werden wir ausführlich an den einzelnen Übungen erklären.

Ein Beispiel aus der Alltagserziehung

Der klassische Weg, das Hörzeichen **PLATZ** beizubringen, war lange Zeit das Kommando **PLATZ** zu geben und den Hund währenddessen oder danach mit körperlicher Einwirkung oder Leinenruck zum Liegen zu bewegen. Generationen von Hunden haben das Kommando auf diese Weise befolgen gelernt – aber sicherlich nicht gern und schon gar nicht motiviert und begierig auf Neues. Der bessere und tiergerechtere Weg ist am Beispiel der **PLATZ**-Übung, den Hund mithilfe eines Leckerchens unter das angewinkelte Bein des Besitzers oder unter einen niedrigen Stuhl zu locken, sobald er

liegt, ein Bestätigungssignal wie **GUT** plus Leckerchen zu geben und anschließend nach einigen Wiederholungen ein Hör- und Sichtzeichen wie die flache Hand einzuführen. Auf diese Weise wird das Hörzeichen nicht durch eine gleichzeitige Zwangshandlung negativ belegt und als Folge eventuell gemieden. Zudem kann der Hund durch Ausprobieren (Denken Sie an den Versuch und Irrtum bzw. Erfolg von oben!) aktiv den Lernprozess ganz nach seinem eigenen Tempo erfolgreich gestalten und beeinflussen, was in der Regel automatisch eine immer höhere Lernbereitschaft nach sich zieht.

Doch zurück zur Frage „Was genau soll bestärkt werden?" Hier gilt als oberste Maxime: Bereits Ansätze des richtigen und gewünschten Endverhaltens werden verstärkt und belohnt. Dazu zwei Beispiele: Möchte man dem Hund beibringen, heruntergefallene Abtrockentücher aufzuheben, so ist hier der erste Ansatz, der Belohnung verdient, schon das schlichte Beschnuppern des Tuchs. Für den Klassiker „Kommen auf Zuruf" ist der richtige Moment durch begeistertes Loben bereits im Ansatz zu belohnen, wenn der Hund Blickkontakt aufnimmt und beginnt, in die gewünschte Richtung zu laufen. Auf die richtige Ansatzverstärkung beim Lernen von Tricks und Beschäftigungsspielen werden wir im Rahmen aller praktischen Übungen eingehen.

Kurze Übungs-einheiten

Generell sollten alle Übungseinheiten kurz sein, was natürlich von Hund zu Hund unterschiedlich ausfallen kann. Am Ende einer Einheit soll nie ein gelangweilter oder womöglich frustrierter, überforderter Hund stehen – das kann durchaus bedeuten, dass gerade zu Beginn nur wenige Minuten geübt oder konkret jede einzelne Übung nur zwischen fünf bis zwölf Mal hintereinander durchgeführt werden kann. Beobachten Sie Ihren Hund einfach ganz genau: Sagen seine Augen und sein Körper „Bitte noch einmal, nur noch einmal, bitte!" Dann ist der richtige Moment, aufzuhören und so seine Motivation und Freude bis zum nächsten Mal aufrecht zu halten.

Selbstverständlich bedarf es bei vielen Dingen vieler Wiederholungen, bis sie sitzen. Doch diese müssen und sollten nicht an einem Stück hintereinander stattfinden, sondern besser in mehreren kleinen, zeitlich voneinander getrennten Häppchen. Auch wichtig: Schließen Sie jede Übungseinheit nach Möglichkeit immer mit einer erfolgreichen Übung ab, mit einer Sache also, die der Hund gut und gern macht.

Es macht übrigens rein gar nichts, wenn man in so mancher Lernphase wieder einen oder mehrere Schritte zurückgeht. Im Gegenteil: Wichtiger ist der positiv empfundene Abschluss einer Lerneinheit, und zwar für Hund und Mensch. Falscher Ehrgeiz oder Frust, weil es vermeintlich nicht schnell genug vorangeht, werden niemandem gerecht.

Kleine Lerneinheiten

Im Zusammenhang mit der Verstärkung erster Ansätze ist noch ein weiterer Punkt wesentlich. Selbstverständlich sollen Sie und Ihr Hund möglichst viel Erfolg beim Lernen haben und dazu gehören eben auch sichtbare Fortschritte. Es empfiehlt sich daher bei allen Übungen eine schrittweise Erhöhung der Anforderungen, bevor die Verstärkung (**GUT**) und Belohnung (Leckerchen) gegeben werden. Dabei orientiere man sich stets an dem momentanen Status quo: Der richtige Zeitpunkt, die nächste Anforderungsstufe zu erklimmen, ist gekommen, wenn der Hund das bislang Eingeübte zuverlässig zeigt. Beachtet man dies, besteht eigentlich kaum die Gefahr einer Über- oder Unterforderung. Wie hoch die nächste Anforderung sein darf, hängt vom individuellen Lernverhalten, der Veranlagung des Hundes und der allgemeinen Schwierigkeit der Übung ab. Ein Golden Retriever wird eine Sache, bei der etwas apportiert und hergegeben werden soll, mit hoher Wahrscheinlichkeit leichter erlernen als ein Terrier und dieser wiederum könnte bei schwierigeren Suchspielen die Nase vorn haben. Doch Otto-Normalhund gibt es in der Realität nun einmal in tausend Varianten. Ist es noch zu früh, den jeweils nächsten Lernschritt zu wagen, wird Ihr Hund Ihnen dies recht unmissverständlich zeigen.

Der richtige Lernort

Großen Einfluss auf den Erfolg hat gerade zu Beginn der passende Lernort. Dieser sollte ablenkungsfrei sein, sodass man sich der vollen Aufmerksamkeit des Hundes gewiss sein kann. Auch hier ist Hund nicht gleich Hund: Für den einen ist die ruhige Wiese am Waldesrand genau der Ort, an dem es nichts Spannenderes als Herrchen oder Frauchen gibt. Ein anderer hingegen kann hier vor lauter versteckten Waldbewohnern völlig unansprechbar sein und für den dritten ist sogar die Ablenkung im eigenen Garten zunächst einfach zu groß. Bewährt haben sich für die ersten Schritte die Wohnung und/oder ruhige, aus Hundesicht ablenkungsfreie Eckchen im Freien. Aber auch der Menschen sollte sich an den entsprechenden Lernorten atmosphärisch wohl und ebenfalls unabgelenkt fühlen. So schön geräumig vielleicht Küche oder Arbeitszimmer sein mögen: Wenn Sie sich dort von unerledigtem Abwasch oder unbeantworteten E-Mails anklagend beobachtet fühlen, fällt entspanntes und freudiges Gelingen wahrscheinlich schwer.

Spielen als Bindungsmultiplikator

Und last, but not least noch ein genereller Hinweis: Beschäftigung mit dem Hund, die über Spaziergänge und gelegentliches Ballspielen hinausgeht, ist ein ungeheurer Bindungsmultiplikator. Sie kann bei der Erziehung helfen, da die Kooperation gefördert wird, und sogar Verhaltensprobleme, wie übermäßiges Gebell, Aggressionen usw. lösen, die durch Beschäftigungsmangel nicht selten hervorgerufen werden. Doch sie kann sich erzieherisch problematisch und atmosphärisch belastend auswirken, wenn man dem Hund gestattet, manipulatives Verhalten zu entwickeln, sich zum Bestimmer über Zeit, Dauer und Intensität der Beschäftigung aufzuwerfen und dem Menschen ein schlechtes Gewissen anzuerziehen, wenn einmal ein paar Tage kein spezielles Freizeitprogramm geboten wird.

Apportierspiele mit Futterdummy – ein toller Spaß!

Frisbeespiele bitte
nur mit absolut
gesunden Hunden

Möglichst soll es der Mensch sein, der über Zeitpunkt und Dauer
der Beschäftigung bestimmt. Genauso, wie Sie Ihren Hund nicht
herumkommandieren möchten, dürfen Sie auch für sich das Recht
beanspruchen, im Sinne eines harmonischen Miteinanders nicht
zum Befehlsempfänger des Hundes zu mutieren. Aufdringlichkei-
ten und Ungeduld, sei es durch Jaulen, Bellen oder Gestupse werden durch Aufnahme oder Fortsetzung gemeinsamer Beschäftigung stets belohnt und daher im Verhaltensrepertoire des Hundes
so immer stärker verankert. Darunter kann unter Umständen
irgendwann der Erziehungsstand des Hundes leiden.
Brechen Sie im Falle zu großer Penetranz das Spiel einfach wortlos
ab oder fangen es gar nicht erst an und schenken dem Hund für
eine kleine Weile keine Beachtung mehr. Da der Hund schließlich
über Versuch und Irrtum oder Versuch und Erfolg lernt, wird er bei
entsprechender Konsequenz schnell begreifen, dass aufdringliches
Verhalten ein Irrweg ist und ihn nicht zum gewünschten Ziel führt.

Kurz gefasst

Grundlagen des Lernens

Grundlage des Lernens sind Versuch und Irrtum bzw. Versuch
und Erfolg. Dementsprechend soll der Hund bei richtigem Verhalten stets unmittelbar ein positives akustisches Signal (**GUT**
oder **CLICK**) sowie eine Belohnung erhalten. Prüfen Sie außerdem die Bedürfnisse und Möglichkeiten Ihres Hundes ebenso
wie Ihre eigenen!

Lernen mit dem Clicker – wieso, weshalb, warum?

Auf dem Weg zum perfekten Timing mit einem lernbegeisterten Hund gibt es ein wunderbares Hilfsmittel, dessen Funktion und Wirkungsweise Sie unbedingt ausprobieren sollten: den Clicker. Dahinter verbirgt sich zunächst einmal nichts anderes als eine Art kleiner Knackfrosch, wie Sie ihn vielleicht noch aus Kinderzeiten kennen. Mit dem Clicker nun haben Sie die Möglichkeit, Lernen durch Versuch und Erfolg auf ganz klassischem Weg zu realisieren. War oben die Rede von der Notwendigkeit eines akustischen Signals (**GUT**), das der Handlung des Hundes direkt folgt und der eigentlichen Belohnung, dem Leckerchen, vorgeschaltet ist, so übernimmt im Training mit dem Clicker eben dieser die Aufgabe eines solchen akustischen Signals. Dazu aber muss er dem Hund erst einmal bekannt und schmackhaft gemacht werden. Denn zunächst stellt der Clicker oder besser gesagt das Geräusch, das er macht, für den Hund einen völlig neutralen und bedeutungslosen Reiz dar. Anders als die freudige Stimme von oben, die eine positive Emotion über richtiges Verhalten transportiert, ist der Clicker für das Tier „völlig nackt und uneingeführt" eine Geräuschquelle wie jede andere – und in der Regel sogar noch bedeutungsloser als bekannte Geräusche, mit denen der Hund in der Vergangenheit womöglich ja schon bestimmte Dinge assoziiert hat.

Der erste Schritt Damit der Hund das Clicken mit etwas Positivem verknüpfen kann, geht man zuerst folgenden sehr einfachen Schritt: In ablenkungsfreier Umgebung lässt man dem Clicken die sofortige Gabe eines kleinen, möglichst attraktiven Leckerchens folgen. Dies wiederholt man mehrmals hintereinander: Click und Leckerchen, Click und

Clickervariationen – es gibt für sehr geräuschempfindliche Hunde auch extra leise Clicker.

Leckerchen, Click und Leckerchen … Mit dieser unkomplizierten Vorgehensweise belegt der Hund das Knacken positiv, und der zuvor bedeutungslose Reiz hat sich zu einem positiven gewandelt. Das Clicken kündigt aus Sicht des Hundes jetzt die Gabe von Futter an. Und nun kann eigentlich schon begonnen werden, den Clicker bei allen Übungen anstelle des stimmlichen Signals (**GUT**) einzusetzen, sobald der Hund etwas richtig gemacht hat oder erste Ansätze dazu zeigt: Der Hund soll winken lernen und hebt das erste Mal ansatzweise die Pfote? Click und Leckerchen. Sein Spielzeug in eine Kiste räumen? Beim ersten Beschnuppern der Kiste: Click und Leckerchen. Einen bestimmten Punkt mit der Nase berühren? Beim ersten Kontakt: Click und Leckerchen. Optimalerweise sollten die Leckerchen dabei nicht in der Hand gehalten, sondern in einem kleinen Futter- oder Bauchbeutel getragen oder je nach Umgebungsmöglichkeiten in einem Schälchen auf dem Tisch o. Ä. deponiert werden. Viele Hunde konzentrieren sich so viel besser auf die Übungen, fixieren sich weniger auf die Hand ihrer Besitzer und lernen somit leichter. Der Clicker kann in jeder Lernphase, keineswegs nur bei den leichten Anfangsschritten, zur Bestätigung des jeweils richtigen Verhaltens eingesetzt werden.

In der Literatur wird das Clickergeräusch häufig als Brücke bezeichnet, was seine Wirkungsweise und Möglichkeiten ausgezeichnet verdeutlicht. Denn der Clicker baut beim Training tatsächlich eine Brücke zwischen dem gezeigten Verhalten des Hundes und der Belohnung in Form des Leckerchens. Der Bau dieser Brücke bringt vor allem eines: Zeit. Da die Augen-Daumen-Koordination beim Menschen ungeheuer schnell funktioniert, kann mit dem Clicken das richtige Verhalten im Moment des Auftretens geradezu eingefangen und verstärkt werden, um anschließend mit einem Leckerchen ebenso belohnt zu werden wie nach einer stimmlichen Bestätigung.

Das, was sich auf den ersten Blick als Nachteil erweisen mag, die anfängliche Neutralität und Emotionslosigkeit des Clickers, birgt für das Training große Vorteile. Denn der Clicker bietet die Chance, zielgerichtetes Lernen völlig neu aufzubauen, ohne an womöglich negative oder schlicht auch nur erfolglose Vorerfahrungen des Hundes anzuknüpfen. Die positive Gestimmtheit, die mit dieser neu eingeführten Methode durch ständige „Versuche und Erfolge" beim Hund entsteht, kann für jede Übungseinheit immer wieder genutzt werden und versetzt das Tier recht schnell in eine sogenannte „Arbeitserwartungshaltung", die seine Motivation und auch sein Lerntempo im besten Fall nicht nur hochhält, sondern sogar noch

Schon das Ansehen des Targets wird zu Beginn bestätigt.

erhöht: Hunde, die regelmäßig und mit gutem Timing mit dem Clicker gearbeitet werden, lernen Neues in der Regel von Mal zu Mal schneller. Stimmliche Signale hingegen sind im Alltagsumgang mit dem Hund oft aufgeweicht und wenig unterscheidend – das ist keine böse Absicht von uns unzulänglichen Menschlein, sondern eher unser eigenes, artgemäßes Spezifikum.

Das Besondere am Clickern ist also die Einführung und der korrekte Aufbau einer für den Hund völlig neuen, nicht negativ besetzten Trainingsmethode. Anders als die Stimme ist der Clicker dabei außerdem immer gleich „gelaunt", übermittelt stets ein und dieselbe Erkenntnis (Dieses Verhalten war richtig = Leckerchen) und kennt keine, hinter einem laschen Lob versteckte, Enttäuschung oder gar Strafe. Er vermittelt immer das Gute, vorausgesetzt es wird im richtigen Moment geclickt, was der kleine Pferdefuß an der Sache ist. Denn auch beim Verstärken mit Clicker statt Stimme muss das Timing stimmen und auf gleiche Weise in das Verhalten des Hundes hineinreagiert werden. Zudem muss die Leckerchengabe ebenso zuverlässig jedes Mal direkt im Anschluss erfolgen, sonst wird das Clickern erneut bedeutungs- und somit wirkungslos. Der Clicker ist also keine Wunderwaffe und darf schon gar nicht, was häufig passiert, mit einem Kommando verwechselt werden. Er ist ein sinnvolles und absolut erprobungswürdiges Hilfsmittel; eine Brücke eben, die den Weg zum Verstehen für den Hund mit einem roten und überaus weichen Teppich polstert. Nicht mehr, aber auch nicht weniger. Übrigens bedeutet das Training mit dem Clicker nicht, dass man gänzlich darauf verzichten muss, den Hund auch mit der Stimme zu loben, wenn er etwas richtig gemacht hat. Da wir uns nun einmal in erster Linie über unsere Stimme mitteilen, loben wir unsere Hunde zusätzlich zum Clickergeräusch nicht selten fast schon automatisch noch mit, was keineswegs problematisch ist.

Kurz gefasst

Clickertraining

Der Clicker kann beim Training mit dem Hund das stimmliche Signal (**GUT**) ersetzen und die Zeit zwischen richtigem Verhalten und Leckerchengabe überbrücken. Dazu muss ein zunächst noch neutrales Geräusch für den Hund, wie be-schrieben, positiv besetzt werden. Viele Hunde lernen bei entsprechendem Einsatz mit dem Clicker motivierter und schneller!

Auf einen Blick

Clicker versus Stimme

Vorteile Stimme:
- hat man immer bei sich
- kann emotionale Freude des Besitzers über richtiges Verhalten transportieren
- kann akustisch eindeutig mit dem Besitzer identifiziert werden und somit bindungsfördernd wirken
- kann je nach Schwierigkeitsgrad der Übung verschiedene Stimmungslagen ausdrücken und somit gut angepasst werden (**GUT**! **GUT**!! **GUT**!!!)

Der richtige Click-Moment!

Nachteile Stimme:
- durch den ständigen Einsatz im Alltag als akustischer Verstärker unter Umständen von nur geringer Bedeutung für den Hund
- Frust oder Stress schlägt sich beim Menschen in der Regel in der Stimme nieder, so können eventuell negative Emotionen, wie versteckte Enttäuschung oder Frust, transportiert werden
- Augen-Stimme-Koordination funktioniert oft nicht so gut wie Augen-Daumen-Koordination, somit ist das Timing mitunter schlechter

Vorteile Clicker:
- bei korrektem Aufbau Möglichkeit einer gänzlich neuen und vor allem unbelasteten Lernmethode für den Hund
- hat bei richtiger Anwendung immer dieselbe Bedeutung für den Hund und transportiert keine negativen oder unpassenden Emotionen
- kann den Hund in eine regelrechte Arbeitserwartungshaltung versetzen und die Lernmotivation bedeutend erhöhen
- Hunde, die häufig und korrekt geclickert werden, lernen Neues in der Regel schneller
- empfehlenswert auch bei Hunden mit problematischer oder unbekannter Vergangenheit
- Unabhängigkeit vom Besitzer oder der engsten Bezugsperson; Methode ist auch auf „Assistenten" übertragbar, die mit dem Hund üben möchten

Nachteile Clicker:
- muss im richtigen Moment immer griffbereit „am Mann" sein
- die positive Gestimmtheit der menschlichen Stimme kann manchen Hunden fehlen
- wird bei oberflächlicher Kenntnis in seiner Anwendungs- und Wirkungsweise oft missverstanden und fälschlicherweise als Kommando eingesetzt

Clickern lernen mit dem Targetstick

Was bislang hoffentlich nicht allzu theoretisch „daherkommt", erklären wir nun an einem ganz konkreten Beispiel: die Belohnung erster Ansätze und die Arbeit mit dem Clicker. Dafür haben wir eine Form des sogenannten Targetstick-Trainings gewählt, da dies für Hund und Mensch leicht zu erlernen und nicht schwer zu handeln ist. Außerdem baut es direkt auf der oben geschilderten positiven Besetzung des Clickers auf und wird Ihnen später bei einer Vielzahl von Tricks, bei denen der Hund etwas berühren soll, eine große Hilfe sein.

Erste Bewegung auf den Targetstab zu

Lernziel	Der Hund berührt einen Stab mit der Nase zunächst ohne, später mit Hörzeichen.
Voraussetzungen	Clicker, kleine Leckerchen, Stab (etwa 30 bis 50 cm), hungriger, ausgeschlafener Hund, ablenkungsfreie Umgebung, Hund ist mit positiver Bedeutung des Clickers bekannt gemacht worden (siehe Seite 21: Lernen mit dem Clicker – wieso, weshalb, warum?)

Das Wort Target stammt aus dem Englischen und bedeutet nichts Anderes als Ziel, was auch den Begriff Targetstick-Training erklärt: Der Hund soll ein Ziel, und das ist hier ein Stab, mit der Nase berühren. In anderen Übungen stehen andere Ziele im Mittelpunkt, die der Hund alternativ mit der Pfote berührt; auch dafür liest man zuweilen ganz richtig die Bezeichnung Target-Training. Im Handel gibt es mittlerweile eigens für das Hundetraining hergestellte Targetsticks, die aussehen wie ein ausfahrbarer Zeigestab und recht praktisch sind, weil ihre Länge variiert werden kann. Doch Sie können ebenso gut eine Fliegenklatsche oder einen selbst gebastelten Holzstab verwenden. An dessen Ende kann man eine Markierung anbringen, indem man beispielsweise ein buntes Klebeband, einen Pingpong- oder Tennisball befestigt: So hat der Hund am Stab von Anfang an ein Unterscheidungsmerkmal und die Wahrscheinlichkeit, dass er den Stab einfach willkürlich an irgendeiner Stelle berührt oder hineinbeißt, was beides unerwünscht ist, bleibt geringer.

Kurz gefasst
Targetstickt-Training

Das schrittweise Erlernen des Targetstick-Trainings mit Clicker ist für Mensch und Hund in ablenkungsfreier Umgebung leicht zu erlernen und ermöglicht dem Hund eine, in der Regel neue, positive und vor allem unbelastete Lernerfahrung. Das Targettraining dient als Grundlage für viele weitere Übungen.

So wird's gemacht
Schritt 1

Halten Sie Ihrem Hund, der zuvor in der auf Seite 21 beschriebenen Weise mit dem Clicker vertraut gemacht worden sein muss, den Stab mit wenigen Zentimetern Abstand vor die Nase, berühren den Hund aber nicht damit. So gut wie alle Hunde strecken schon rein aus Neugierde ihre Schnauze an den Stab: In genau diesem Moment clicken Sie und geben dem Hund direkt im Anschluss ein Leckerchen. Es ist empfehlenswert, den Stab danach sogleich hinter dem Rücken verschwinden zu lassen: So kann er im nächsten Durchgang erneut ins Spiel gebracht werden und die Wahrscheinlichkeit, dass der Hund seine Nase erneut zum Stab streckt, ist wesentlich höher. Die Trainingsleckerchen sollten übrigens möglichst weich sein, damit sie schnell verschluckt werden und die Lust auf mehr hoch gehalten wird. Sobald dcr Hund den kleinen Happen nun gefressen hat, halten Sie ihm den Stab erneut vor die Nase. Sollte nun der Kopf des Hundes nur in Richtung des Stabes gehen, auch ohne dass dieser berührt wird, wird auch das zunächst noch geclickt und mit Leckerchen verstärkt. Denken Sie immer an die Verstärkung und Belohnung richtiger Ansätze, die zum Lernen oder auch zum Formen eines Verhaltens (auch Shaping genannt)

unbedingt dazugehören! Führen Sie diese einfache Übung mehrmals hintereinander – je nach Motivation des Hundes – durch: Stab
vor die Nase, Hundekopf in Richtung Stab, Clicken, Leckerchen, Stab
hinter den Rücken.

Sollte der Hund wenig bis gar kein Interesse an dem Stab zeigen, so
können Sie ein Leckerchen oder etwas Wurst an seine Spitze reiben,
was zumeist wahre Wunder wirkt. Dies ist allerdings nur eine kleine
Nachhilfe für die ersten zwei bis drei Übungseinheiten (von wenigen
Minuten mit etwa 10–15 Wiederholungen) und in der Regel auch
langfristig gar nicht notwendig: Die Verknüpfung von Verhalten
(Ah, meine Nase muss zum Stab!), dem Clickergeräusch (Aha, da ist
wieder das Geräusch, dem ein Leckerchen folgt!) und dem Leckerchen

(Ach, das muss wohl richtig gewesen sein!) erfolgt erfahrungsgemäß
sehr schell zumeist innerhalb weniger Tage. Sobald der Hund den
Kopf zuverlässig in Richtung Stab bewegt, der sich in diesem Stadium
nicht weiter als maximal 15 Zentimeter vom Hund entfernt befinden
muss, können Sie zur nächsten Schwierigkeitsstufe übergehen.
Achtung: Sollten Sie einen Hund haben, der versucht, in den Stab
zu beißen, anstatt ihn zu berühren, clicken Sie, sobald der Kopf des
Hundes in Richtung Stab geht, noch bevor er sein Maul öffnet und
verstärken ausschließlich dies für mehrere Tage bzw. so lange wie
nötig. Nützt dies nichts, halten Sie den Stab flach an Ihr Bein oder
die Wand, sodass der Hund nicht hineinbeißen kann. Berührt Ihr
Hund den Stab einfach irgendwo und nicht an der gewünschten
Stelle, dem Ende, so können Sie entweder mit dem erwähnten ver-
kürzbaren Targetstick arbeiten und diesen eben lediglich ein kleines
Stückchen ausfahren, oder Sie schieben den Stab in den Ärmel und
lassen aus Ihrer Hand nur ein kleines Stückchen zum Berühren
herausschauen. Hat der Hund sich so einige Tage zuverlässig dem
Stab-Ende genähert, können Sie den Stab stückweise immer weiter
ausfahren.

Info

Leerlauf im Training

In vielen Phasen werden Sie dem interessanten Phänomen des sogenannten latenten Lernens begegnen. An einem bestimmten Tag scheint schier gar nichts zu gehen, der Hund schaut verständnislos drein und ist in keiner Weise zu der gewünschten Handlung zu bewegen. Das ist eine völlig normale Erscheinung, die mehr als häufig dadurch abgelöst wird, dass der Hund am nächsten Tag oder einfach einige Stunden später bei einem weiteren Versuch aus vermeintlich heiterem oder besser gesagt noch trübem Himmel urplötzlich ganz zielgerichtet und richtig handelt. Sollten Sie also beim Targetstick-Training, egal in welcher Phase, oder beim Einüben einer ganz anderen Sache an eben diesen Punkt gelangen, nehmen Sie es einfach mit humorvoller Geduld und dem Wissen, dass kleine Leerläufe beim Lernen dazugehören.

Schritt 2

Nun soll nur noch die tatsächliche Berührung der Hundenase mit dem Ende des Stabes geclickert und belohnt werden. Allein die bloße Bewegung Richtung Targetstick wird nicht mehr geclickert. Achten Sie ruhig darauf, wie oben geschildert, differenziert bzw. verhaltensangepasst zu belohnen: Berührt der Hund den Stick schnell und zielsicher, so geben Sie eines der ganz attraktiven Leckerchen oder mehrere. Sind seine Bewegungen eher behäbig und zögernd, so verstärken Sie mit Click und den „einfachen" Leckerlis.

Doch Achtung: Trotz gutem Timing, verhaltensangepasster Belohnung usw. darf man von einem insgesamt ruhigen oder phlegmatischen Tier keine Schall-, sondern wahrscheinlich dann doch eher Mopsgeschwindigkeit erwarten, was den Spaß für alle Beteiligten keineswegs schmälern braucht.

Auch in diesem Stadium ist es noch ratsam, den Stab nach jedem Click wieder hinter dem Rücken verschwinden zu lassen. Zur nächsten Stufe können Sie übergehen, wenn der Hund mit der Nase zuverlässig das Ende des Stabes berührt.

Schritt 3

Nun kann die Entfernung zwischen Targetstick-Ende und Hund schrittweise vergrößert werden. Gehen Sie dabei nicht zu schnell vor und passen sich am besten der Geschwindigkeit des Hundes an. Halten Sie dem Hund den Stab nun beispielsweise nicht mehr 15, sondern 20 oder 25 Zentimeter vor den Kopf. Berührt er ihn ohne jegliches Zögern ebenso schnell wie zuvor, dürfen Sie die Entfernung ruhig noch etwas erhöhen. Zögert der Hund jedoch trotz vorheriger schneller Reaktion, verkleinern Sie den Abstand einfach wieder ein bisschen. Nach einigen Wiederholungen, die gut geklappt haben, verändern Sie die Position des Sticks. Halten Sie ihn mal rechts, mal links vom Hund, führen ihn leicht mal über, mal unter seinen Kopf. Gehen Sie ruhig auch mal einen Schritt zurück, nach links oder rechts, sodass der Hund Ihnen und dem Stab folgen muss. So erhält der Hund Gelegenheit, eine erste kleine Generalisierung vorzunehmen und Sie erkennen, wie weit der Verknüpfungsprozess schon fortgeschritten ist. Der Stab sollte nach dem Click und dem Leckerchen nach wie vor hinter dem Rücken versteckt werden. Gibt es in diesem Stadium, was nicht ungewöhnlich wäre, einen kleinen Rückschritt, so ignorieren Sie dies in der jeweiligen Übung einfach, belohnen und clicken aber nicht und machen es dem Hund beim nächsten Durchgang einfach wieder etwas leichter. Sobald er den Stab an seinem Ende zuverlässig auf etwa 30 bis 50 Zentimeter Entfernung berührt, ist es an der Zeit, ein Hörzeichen für das Berühren des Targetsticks einzuführen.

Schritt 4

Wählen Sie nun ein Wort, mit dem Sie die Handlung des Hundes, den Stab mit der Nase zu berühren, begleiten. Dabei sollte es sich um ein ansonsten im gemeinsamen Alltag völlig ungebräuchliches Hörzeichen handeln, das sich auch vom Klang her möglichst unterscheidet, wie zum Beispiel **TOUCH** oder **TOUCHÉT**.

Wichtig: Fordern Sie den Hund mit dem neuen Hörzeichen in dieser Phase noch nicht auf, den Stab zu berühren, sondern unterlegen seine Handlung mit **TOUCH** erst dann, wenn er sie auch tatsächlich zeigt. Bevor der Hund nämlich ein Hörzeichen erhält, damit er eine bestimmte Handlung zeigt, muss er ausreichend Gelegenheit

Targettraining für die Slalomübung

erhalten, dieses Hörzeichen mit seinem Verhalten zu verknüpfen, und das funktioniert dann am besten, wenn beides gleichzeitig erfolgt! Nun dürfen die Anforderungen an die Entfernung zwischen Targetstick und Hund je nach individuellem Lerntempo des Hundes stufenweise erhöht werden. Diese Lernstufe ist in vollem Umfang erreicht, wenn der Hund das Stab-Ende jederzeit ohne Zögern mit der Schnauze berührt.

Schritt 5

Jetzt darf das Hörzeichen **TOUCH** verwendet werden, um den Hund zum Handeln aufzufordern.

Der Targetstick soll während des Trainings nun nicht mehr ausschließlich in der Hand des Menschen sein, das würde den Hund schnell langweilen. So kann man den Stab nun zum Beispiel in einen Blumentopf oder ein -beet stecken, ihn auf ein gut zugängliches Regal oder einfach auf den Boden legen – und den Hund dann zum **TOUCH** auffordern. Click und Leckerchen während bzw. nach der Berührung nicht vergessen! Wie im allgemeinen Teil erklärt, bekommt die Beschäftigung als solche für die meisten Hunde oft alleinigen Belohnungscharakter, wenn die Sache zuverlässig erlernt wurde. Übertragen auf diese Übung wäre dieser Punkt spätestens jetzt erreicht: Das gewünschte Verhalten ist gut gefestigt, was bedeutet, dass Sie hier nun auf eine variable Verstärkung (**CLICK**) mit Belohnung (Leckerchen) umsteigen sollten. Wird mithilfe des Targetsticks aber Neues erlernt, muss erneut jedes richtige Verhalten so lange geclickt und belohnt werden, bis es ähnlich gut gefestigt ist. Mit dem jetzigen Stand Ihres Targettrainings können Sie eine Menge weiterer Übungen, in denen etwas berührt werden soll, aufbauen, wie etwa das Licht ein- und ausschalten (siehe Seite 109), Slalomlaufen und vieles mehr. Wir werden später häufig darauf zurückgreifen und Sie werden staunen, wie variabel und schnell so zuvor schier unvorstellbare Tricks oder Bewegungsabläufe erlernt werden können!

Targettraining fürs Vorausschicken

Übungsplan zum Targetstick-Training

Schritte	Wie wird's gemacht?	Wo?	Wie oft / Wie lange üben?	Hilfe, es klappt nicht!	Lernziel
Schritt 1	**Bereitlegen:** Sehr viele kleine, leckere Belohnungshäppchen, Targetstick (z. B. Fliegenklatsche) Clicker.	Ruhige Umgebung ohne Ablenkung. Leckerchen auf Ablagefläche neben sich (außerhalb der Reichweite des Hundes) bereithalten.	Zwischen jeder Trainingseinheit machen Sie 2 bis 5 Minuten Pause, insgesamt max. 3 Trainingseinheiten am Stück.		
Schritt 2	Hund schaut Targetstick an oder berührt ihn mit der Nase.	Siehe oben.	5 bis 8 Wiederholungen reichen völlig.	Targetstick mit Leberwurst einreiben.	Hund wendet sich dem Targetstick zu, berühren ist nicht unbedingt notwendig.
Schritt 3	Hund berührt Targetstick mit Nase.	Siehe oben.	5 bis 10 Mal.	Clicken Sie jede Bewegung des Hundes in Richtung Targetstick, auch wenn er den Stick gar nicht gemeint hat.	Hund berührt Targetstick mit der Nase, egal an welcher Stelle.
Schritt 4	Die Position des Targetsticks wird variiert. Einige Zentimeter Positionsveränderung reichen.	Siehe oben.	5 bis 10 Mal.	Abstand und Positionsveränderung sind zu groß. Schritt 3 (evtl. mehrfach) wiederholen.	Targetstick kann ein wenig nach rechts, links, oben, unten gehalten werden.
Schritt 5	Größere Positionsveränderung, 30 bis 50 cm oder mehr, wenn es gut klappt.	Ohne Ablenkung.	5 bis 10 Mal.	Veränderung zu schnell und/oder zu groß. Schritt 4 (mehrfach) wiederholen.	Targetstick kann deutlich vom Hund weg bewegt werden.
Schritt 6	Bewegen Sie den Targetstick so, dass der Hund ihm einige Schritte folgen muss.	Ohne Ablenkung.	5 bis 10 Mal.	Hund aufmuntern und nur 1 bis 2 Schritte verlangen.	Hund geht einige Schritte zielstrebig zum Targetstick.
Schritt 7	Hörzeichen einführen (unmittelbar, bevor der Hund den Targetstick berührt).	Ohne Ablenkung.	5 bis 10 Mal, mehrere Trainingseinheiten auf diesem Übungsstand.	Immer wieder leichtere Aufgaben einstreuen.	Hund lernt Hörzeichen kennen.
Schritt 8	Hörzeichen, z. B. **TOUCH**, als Aufforderung zum Berühren geben.	Ablenkung jetzt ganz langsam steigern.	5 bis 10 Mal, mehrere Trainingseinheiten mit steigender Ablenkung.	Zurück zu Schritt 6 und 7.	Hund befolgt Hörzeichen, Targetstick ist an verschiedenen Positionen.

Kleiner Erziehungsexkurs

Was tun, wenn nichts geht oder der Hund etwas falsch macht?

Das Targetstick-Training sowie alle weiteren in diesem Buch beschriebenen Tricks, Übungen und Beschäftigungsmöglichkeiten fußen auf dem Prinzip des Lernens durch positive Verstärkung. Auf Strafen, ob durch körperliche oder verbale Einwirkungen, wenn der Hund etwas falsch oder gar nicht macht, sollte unbedingt verzichtet werden. Diese bringen den gewünschten Lernprozess in keinster Weise voran und hemmen beim Hund in der Regel Eigeninitiave und Mut, einfach einmal etwas auszuprobieren. Was vom Hund dabei als Strafe empfunden wird, kann sehr unterschiedlich sein. Der eine lässt sich schon dadurch einschüchtern, dass sein Besitzer enttäuscht aufstöhnt, wenn etwas nicht gut klappt. Ein anderer mag eine höhere Frustrationstoleranz haben und wird erst durch ein scharfes **NEIN** entmutigt. Doch wie dem auch sei: Hier dürfen Sie einmal ganz pauschal sein und sollten auf jegliche Unmutsäußerungen oder gar Schlimmeres verzichten. Fehlversuche werden entweder einfach ignoriert oder dem Hund erschwert (siehe Beispiel Targetstick-Training: Stick verkürzen, wenn der Hund hineinbeißt und frühzeitig clicken). So kann Lernen durch Versuch und Irrtum stattfinden, denn der Hund unterscheidet ganz genau, ob **CLICK** oder **GUT** und Leckerchen auf sein Verhalten folgen oder eben gar nichts.

Ignoranz ist auch das Mittel der Wahl, wenn der Hund sich beim Erlernen von Übungen und Tricks erzieherisch fragwürdig verhält. Der Spielabbruch und das darauf folgende völlige Übersehen des Hundes bei übermäßigem Gebell, unerwünschtem Hochspringen und Ähnlichem folgen ebenfalls dem Prinzip Versuch und Irrtum und sind, entsprechende Konsequenz vorausgesetzt, außerordentlich wirkungsvoll.

Ein Grund übrigens, warum Strafen, in Form von Schimpfen oder sonstigen Einwirkungen bei der Erziehung ganz allgemein so oft keine Wirkung haben, ist, dass der Hund häufig trotz des Unmuts seiner Besitzer am Ende doch zum Ziel kommt: Das angepeilte alte Brötchen am Wegesrand ist schon längst verschluckt, bis der Mensch heranspringt und tadelt. Der gewünschte Kontakt zum Gesicht des Besuchers durch Hochspringen schon längst hergestellt, bevor Herrchen korrigierend eingreift. Der mit Begeisterung verfolgte Fahrradfahrer schon längst in weiter entfernte Gefilde „gejagt", wenn der Hund wieder eingefangen ist. Das folgende Donnerwetter bringt der Hund entweder gar nicht mehr mit seinem (aus menschlicher Sicht) falschen Verhalten in Zusammenhang oder er nimmt eine kleine Strafpredigt unter Umständen ganz einfach als „Preis" in Kauf. Problematisch bei Strafen ist leider auch, dass diese häufig bei ein und demselben Verhalten nur gelegentlich erfolgen – und zwar zumeist nur dann, wenn die Konsequenzen für den Besitzer einmal richtig unangenehm sind. Durch gelegentliche, womöglich noch recht heftig ausfallende Einwirkungen aber werden die meisten Hunde eher ignorant und im Aushalten regelrecht hart gemacht, worunter im Laufe der Zeit zumeist der gesamte Erziehungsstand leidet.

Es klappt gerade gar nichts? Machen Sie eine Pause!

Kurz gefasst

Positive Bestärkung plus Belohnung

Verzichten Sie bei allen hier vorgestellten Übungen ganz auf Tadeleien, nutzen die Methode der positiven Verstärkung plus Belohnung und entdecken gemeinsam mit Ihrem Hund eine andere, für Sie beide eventuell noch ganz unbekannte Form des Lernens. Bindung und Kooperation zwischen Ihnen und Ihrem Hund werden eine gänzlich neue Qualität bekommen.

Üben mit mehreren Hunden?

Wer sein Leben mit zwei oder gar mehreren Hunden teilt, hat oft das Glück, dass die Hunde sich bei intensivem Kontakt untereinander gegenseitig oft ein ganzes Stück weit auslasten und beschäftigen. Dennoch muss und sollte man auch bei Mehrhundehaltung nicht auf Einzelbeschäftigung verzichten. Da Hunde, die gemeinsam in einem Haushalt leben, nicht selten zu außerordentlich eng verschworenen Gemeinschaften werden, können gerade Tricks, Spiele und sportive Beschäftigungen mit jedem einzelnen Hund die Bindung an den Besitzer vertiefen, seine Attraktivität erhöhen und so seine Position den Tieren gegenüber auf höchst angenehme und konstruktive Weise stärken.

Getrennt üben

Im Alltag tut man sich dabei sicherlich am leichtesten, wenn man vor allem zu Beginn getrennt mit den Hunden übt. Das hat mehrere Vorteile: Sie können für alle Dinge dieselben Hörzeichen verwenden und auch beide Hunde mit dem Clicker trainieren. Sind die

Hunde untereinander eventuell futterneidisch, können bei getrenntem Training keine Konflikte entstehen, was sich bei Futtersuchspielen unbedingt empfiehlt, sofern nur die geringsten Zweifel bestehen, dass die Tiere untereinander hier nicht buchstäblich ein Herz und eine Seele sind.

Üben in Sichtweite

Es ist übrigens nicht bei allen Hunden nötig, den gerade „aussetzenden" Kandidaten völlig außer Sicht- und Hörweite zu bringen. Hunde, die brav abliegen oder sich einigermaßen protestlos in der Nähe festbinden lassen, können beim Training mit dem Kumpel ruhig zusehen. Dies kann sogar äußerst förderlich sein und Ehrgeiz und Motivation erhöhen. Nach unserer Erfahrung ist es in diesem Fall überhaupt kein Problem für den angebundenen Hund und den, mit dem gerade trainiert wird, dieselben Hörzeichen zu verwenden. Und sogar mit dem Clicker kann man dann arbeiten: Hunde sind nämlich nicht nur in der Lage so zu tun, als seien sie nicht gemeint, sondern auch zu erkennen, dass etwas im Moment für sie tatsächlich keine Gültigkeit hat.

Möchten Sie in der vorgeschlagenen Weise mit beiden Hunden üben, ist bei starken „Aufmerksamkeitsheischern" etwas Augenmaß geboten. Diese sollte man nicht gerade dann losbinden, um mit ihnen zu üben, wenn sie fiepen oder sich sonst wie lautstark empören. Bedenken Sie, dass Aufmerksamkeit und Zuwendung immer eine Verstärkung des gerade vom Hund gezeigten Verhaltens nach sich zieht. Verhält sich der angeleinte Hund also in dem Moment, in dem Sie ihn drannehmen, regelmäßig auf eine Weise, die auch sonst im Alltag unangenehm ist oder Probleme bereitet, wird er dies auch weiterhin kultivieren – wahrscheinlich sogar in noch höherem Maß. Passen Sie hingegen einen Augenblick ab, in dem er sich einigermaßen ruhig verhält, kann er lernen, dass dies der Weg zum gewünschten Ziel ist. Missfällt Ihnen die Vorstellung getrennt mit Ihren Hunden zu trainieren, empfehlen wir, für beide Hunde unterschiedliche Hörzeichen einzuführen und zu verwenden und nur bei einem Hund den Clicker, beim anderen aber **GUT** als akustischen Verstärker einzusetzen. Sich das zu merken, ist sicherlich noch kein allzu großes Problem. In der Hitze des „Trainingsgefechts" mit beiden Hunden

Das klappt nur, wenn sich die Hunde gut verstehen und nicht futterneidisch sind.

jedoch beständig konzentriert und punktgenau zu unterscheiden, ist wiederum gar nicht so einfach und kann die Freude am Spiel mindern. Auch wird man sich dabei, zumal als Anfänger, mit etwas Chaos und weniger exakten Ergebnissen begnügen müssen. Beherrschen die eigenen Hunde eine bestimmte Sache nach entsprechender Übung hingegen gut, spricht nichts dagegen, diese auch gemeinsam durch- oder vorzuführen, solange unter den Tieren, wie gesagt, kein Futterneid herrscht.

Wichtig

Wenn sich die Hunde nicht verstehen

Halten Sie mehrere Hunde, die generell Probleme miteinander haben, sollte ausschließlich getrennt geübt werden. Die Gefahr einer Auseinandersetzung ist sonst einfach zu groß. Da das Leben mit zwei oder mehr Hunden, die sich nicht gut vertragen, jedoch für Mensch und Tier sehr belastend ist, raten wir in solchen Fällen zu einer professionellen Beratung, um zu einem entspannten Miteinander zu kommen.

Alter und Übungsdauer

Beim erwachsenen, körperlich und geistig gut entwickelten Hund
dürfen jeden Tag eine oder mehrere kleine Trainingseinheiten von
5 bis 15 Minuten stehen. Dabei beachtet man, dass sich keine ständig erhöhende Anspruchshaltung entwickelt, die man irgendwann
einfach nicht mehr befriedigen kann. Am Ende einer kleinen
Übungseinheit sollte der Hund einen zufriedenen und keinen auf-
gestachelten Eindruck machen.

Doch Tricks und Lernspiele können jedes Hundealter bereichern.
Wie Menschenkinder auch lernen Hunde vom ersten Tag ihres
Lebens. Anders wären sie weder entwicklungs- noch überlebens-
fähig. Diese Lernfähigkeit bleibt ihnen bis ins hohe Alter erhalten
und regelmäßige geistige Tätigkeiten zögern bei älteren Hunden
den Alterungsprozess hinaus. Bei älteren Hunden fließen die Informationen jedoch langsamer als bei jüngeren Tieren; sie benötigen
also mehr Zeit, um Neues zu lernen. Rücksichtnahme versteht sich
natürlich auch auf körperliche Altershandicaps von selbst.

Die Aufmerksamkeitsspanne von Welpen ist kurz, deshalb müssen
die Übungseinheiten mit ihnen klein sein. Doch ein bis zwei Minuten Targetstick-Training (o. Ä.) sind mit dem zehn Wochen alten
Hund schon möglich. Sobald Sie im alltäglichen Umgang eine
ansteigende Konzentrationsfähigkeit des Welpen beobachten, können die Übungseinheiten zeitlich leicht erhöht werden.

Schon mit Welpen
lohnen sich kleine
Übungseinheiten.

Tricks, Spiele & Co – optimal für Hund und Kind?

Auf den ersten Blick die perfekte Kombination: Kind und Hund im gemeinsamen Spiel, bei dem auch noch gelernt wird und am Ende der ganzen, tief beeindruckten Familie stolz Ergebnisse präsentiert werden können. So weit das Idyll. Selbstverständlich können Kinder in Spiel und Spaß mit dem Hund einbezogen werden. Dennoch muss zum Schutz für beide ein großes „Aber" vorangestellt werden, denn unbedingte Grundvoraussetzung für gemeinsame spielerische Aktivitäten ist ein kleinen Menschen gegenüber sehr kooperatives Tier. Sollte es jedoch gewisse Problemzonen geben, der Hund das Kind eventuell sogar angeknurrt oder weggeschnappt haben, empfiehlt es sich dringend die Hilfe eines Experten in Anspruch zu nehmen und alles andere auf später zu vertagen. Übrigens ist die Tatsache, dass ein Hund sich beim Kind gewisse Handlungen erlaubt, die er sich bei der erwachsenen Restfamilie nicht gestattet, der beste Beleg dafür, dass Hunde in der Regel sehr wohl Unterschiede kennen und machen, was Grund genug für Vorsichtsmaßnahmen sein sollte.

Verantwortung und Regeln

Aber auch bei einem rundum harmonischen Verhältnis muss das Kind bereits über gewisse koordinatorische Fähigkeiten verfügen und darf nicht zu jung sein, da es sonst mit dem Timing überfordert sein wird. Viele Hunde werden dann ungeduldig oder wenden sich gelangweilt ab. Die Folgen sind Frust und Enttäuschung auf allen Seiten. Optimalerweise bereitet der Erwachsene die ersten

Lernschritte selbst vor – oder bei schon älteren Kindern mit diesen gemeinsam – und ist bei den spielerischen Aktivitäten seiner Schützlinge immer anwesend. Sogar gut erzogene Hunde können längst akzeptierte Grenzen im Umgang mit Kindern großzügiger auslegen, sich in ihrer Begeisterung weniger mäßigen und Kinder durch Hochspringen, Zwicken oder sonstige, mitunter recht laute Mitteilungen anzutreiben versuchen. Es ist aber nicht Sinn der Sache, dass der Hund lernt Kinder als ihm untergebene, wandelnde Ballmaschinen oder Futterspender zu betrachten. Derartiges Verhalten einzuschätzen, fällt Kindern entwicklungsbedingt schwer. Daher ist es die Verantwortung Erwachsener, dies zu erkennen und regulierende Maßnahmen zu ergreifen: Der Hund sollte, sobald er über die Stränge schlägt, vom Erwachsenen ein deutliches **NEIN** erhalten, während das Kind sein Spiel sofort wortlos abbricht und den Hund für mindestens fünf Minuten komplett ignoriert. Wie dies zu bewerkstelligen ist, muss dem Kind gezeigt und mit ihm eingeübt werden. Zudem kann es erforderlich sein, gewisse Spiele, die den Hund sehr erregen, für Kinder zu tabuisieren und nur solche zu gestatten, die dem Alters- und Entwicklungsstand des Kindes und dem individuellen Temperament des Hundes entsprechen.

Tipp

Kind-Hund-Kurse besuchen

Es gibt mittlerweile immer mehr Hundeschulen, in denen kinder- und hundeerfahrene Trainer Kind-Hund-Kurse mit spielerischer Schwerpunktsetzung anbieten. Das kann eine gute Alternative sein: Kinder nehmen Regeln, die nicht von den eigenen Eltern kommen, oftmals mit größerer Selbstverständlichkeit an.

Hier haben beide Spaß!

Koordination und Bewegung
für alle Felle

Kistentraining

Voraussetzungen und Hilfsmittel

Leckerchen, erste Clicker- und Targetstick-Schritte oder Hand und Stimme, Kartons, Plastikkiste.

Die Kistenübungen können in der vorgeschlagenen Reihenfolge trainiert werden. Auf ein vermischtes Üben verzichten besser vor allem Anfänger, damit weder sie noch der Hund durcheinander kommen. In zeitlich abgetrennten Einheiten über den Tag oder mehrere Tage verteilt können die Übungen, die nicht aufeinander aufbauen, parallel durchgeführt werden. Selbstverständlich kann man sich auch auf eine oder zwei der Kistenübungen beschränken. Gefördert werden Konzentrationsfähigkeit, Körpergefühl und Koordination, Beobachtungsgabe, Geduld und Mut.

Jeder kleine Fortschritt wird großzügig belohnt.

In die Kiste

Schritt 1

Wählen Sie eine Kiste, die groß genug ist, dass der Hund bequem darin stehen kann. Wir beginnen auch hier mit der Verstärkung von Ansätzen. Obwohl es immer wieder mutige Draufgänger gibt, denen man ein Leckerchen in eine Kiste wirft und die ohne viel Federlesen direkt hinterherspringen, ist das Besteigen einer Kiste den meisten Hunden zunächst etwas suspekt. Achten Sie unbedingt darauf, die Kiste festzuhalten, wenn der Hund hinein oder darauf steigt. Fällt die Kiste bei den ersten Versuchen um, wird sich der Hund erschrecken und diese Übung sicherlich für eine Weile meiden.

Locken Sie den Hund nun entweder mithilfe des Targetsticks oder Ihrer Hand mit freundlichen und motivierenden Worten aus geringer Entfernung zu der Kiste. Verzichten Sie noch auf ein Hörzeichen. Halten Sie das Leckerchen oder den Stick so, dass der Hund seinen Hals weit in die Kiste strecken muss, um an das Leckerchen zu gelangen. Verstärken Sie dies mit **GUT**/**CLICK** und Leckerchen ein paar Mal hintereinander.

Schritt 2

Üben Sie dann das Besteigen der Kiste mit einer oder auch schon mit zwei Pfoten. Verstärken Sie erneut mit **GUT**/**CLICK** und Leckerchen. Die Kiste darf zu Beginn nicht zu hoch sein, damit der Hund bequem hineinklettern kann. Sobald er mutig genug ist beide Vorderpfoten in die Kiste zu stellen, und dies mehrfach verstärkt wurde, folgt der nächste Schritt. Wagt der Hund es einfach nicht, in die Kiste zu steigen, schneiden Sie am besten bei einem Karton den Rand bis auf einige wenige Zentimeter hinunter.

Schritt 3

Nun werden Leckerchenhand oder Targetstick so geführt, dass der Hund ganz in die Kiste steigt. Lassen Sie sich nicht entmutigen, wenn das etwas länger dauert. So einfach diese Übung auf den ersten Blick klingen mag, sie erfordert gerade von schüchternen Tieren etwas Überwindung, fördert aber ihr Selbstbewusstsein. Sollte der Hund sich also nicht weitertrauen, belohnen Sie einfach für heute das Betreten der Kiste mit zwei Pfoten und versuchen es morgen wieder. Steht der Hund mit allen vier Beinen ganz in der Kiste, verstärken Sie wie gehabt, geben entweder einen kleinen Jackpot oder einen ganz leckeren Happen für besondere Fälle: Für eine besondere Leistung, wie das fertige Resultat oder Mut im Angesicht eines unbekannten Objekts, gibt es etwas Besonderes!

Schritt 4

Steigt der Hund zuverlässig in die Kiste, können Sie ein Hörzeichen wie zum Beispiel **IN DIE KISTE** einführen. Wird dies an mehreren Tagen regelmäßig trainiert, hat man die letzte Stufe normalerweise schnell erreicht: Der Hund erhält das Hörzeichen **IN DIE KISTE** und springt flugs hinein. Sie sehen also: Die verbale Aufforderung, in die Kiste zu steigen, steht erst ganz am Schluss!

Sobald der Hund Hörzeichen und Handlung zuverlässig verknüpft hat, kann auf Clicker, Targetstab oder Leckerchenhand verzichtet werden. Geben Sie nur noch das Wortsignal, begleitet von einer unterstützenden Handbewegung in Richtung Kiste. Natürlich kann das Sichtzeichen auch schon zu Beginn der Übung zum Einsatz

kommen. Doch oft ist das nicht möglich, denn beim Training mit Targetstick, Clicker und Leckerchen hat man zu Beginn einfach keine Hand mehr frei.

Sobald Hör- und/oder Sichtzeichen gut etabliert sind, können Sie damit beginnen, den Abstand zur Kiste ein klein wenig zu erhöhen, also den Hund aus einiger Entfernung in die Kiste zu schicken. Nach wie vor darf er sofort nach dem Click oder dem Lobwort herausspringen. Für den Hund ist eine Übung normalerweise beendet, wenn der Click oder das **GUT** ertönt und er sein Leckerchen bekommen hat. Das haben wir ihm ja schließlich so beigebracht! Wer möchte, kann die Kistenübung noch um einige Komponenten erweitern, die wir auf den nächsten Seiten beschreiben werden.

Tipp

Variante für Eifrige

Diese Variante ist für sprungkräftige Hunde mit Mut geeignet. Steigen Sie auf eine höhere Kiste um. Nicht selten ist es dabei nötig, die Übung nochmals von Beginn an aufzubauen, damit der Hund generalisieren kann. Es empfiehlt sich also auch bei nur relativ Neuem wieder auf die bewährten und bekannten Trainingsprinzipien zurückzugreifen und zu Anfang wieder mit **CLICK/ GUT** und Leckercken zu arbeiten.

Längeres Verweilen in der Kiste

Bei dieser Variante soll der Hund lernen, länger in der Kiste zu bleiben und diese erst auf ein Hörzeichen zu verlassen.

So wird's gemacht
Schritt 1

Das erste Übungsziel ist das längere Verweilen. Verändern Sie den gewohnten Lernort zu Beginn der Übung nicht, um optimal an die bisherigen Lernerfahrungen anzuknüpfen. Stellen Sie die bereits bekannte Kiste in die Ecke eines Raumes und schicken den Hund mit Hör- und Sichtzeichen hinein. Clicken Sie nun nicht mehr das Reinspringen, das beherrscht der Hund zu diesem Zeitpunkt ja schon. Ist der Hund in der Kiste, treten Sie schnell hinzu, sodass der Weg hinaus durch Ihren Körper verstellt ist und führen ein deutliches Sichtzeichen für das Verharren ein, wie die zum Stoppschild erhobene Hand. Auf ein Hörzeichen für das Bleiben wird für den Moment noch verzichtet. Zählen Sie dann ruhig bis zwei oder drei, halten Blickkontakt zum Hund, **CLICKEN** (oder **GUT**) und geben dem Hund unbedingt noch in der Kiste seinen Happen.

Kurzes Warten in der Kiste: Eine hohe Belohnungsrate bringt den Hund schnell dazu, immer länger in der Kiste zu bleiben.

Dann treten Sie beiseite. Nach mehreren Wiederholungen können Sie die Zeitdauer langsam auf 4 bis 5 Sekunden erhöhen, clicken erst dann, geben die Belohnung und geben den Weg frei.

Schritt 2

Sobald dies über einen Zeitraum von etwa 10 Sekunden klappt (nicht vergessen: noch immer Kiste in Ecke und Hund den Weg verstellen), können Sie versuchsweise die Position der Kiste verändern und die Übung neu aufbauen. Geben Sie also Hörzeichen **IN DIE KISTE**, stellen sich erneut vor die Kiste, sobald der Hund darin ist, halten Blickkontakt und versperren den Weg. Achten Sie dabei weiterhin auf Ihre Körpersprache und Ihr Sichtzeichen, denn dies zu beobachten, hat Ihr Hund schon gelernt!
Lassen Sie den Hund bei veränderter Position zunächst nur wenige Sekunden verharren, bis Sie clicken und belohnen und steigern die Zeit langsam wieder auf die vorherigen 10 Sekunden.

Schritt 3

Funktioniert dies gut, können Sie ein Hörzeichen für das Verlassen der Kiste einführen. Dieser Schritt ist leicht. Wählen Sie ein neues Wort (z. B. **HOPPA**), lassen Ihre Hand sinken, die dem Hund Verharren signalisierte, treten von der Kiste zurück und clicken nun erst, wenn der Hund die Kiste verlassen hat. Belohnungshappen nicht vergessen! Zur Erinnerung: Das Clicken oder alternativ das **GUT** vermittelt dem Hund nicht nur „Richtig gemacht!", sondern auch „Übung beendet". Daher wird im Verlauf dieser Übung nun immer später geclickert und belohnt. Nach mehreren Wiederholungen, die Ihnen das Gefühl geben, dass diese letzte Hürde erfolgreich genommen wurde, können Sie an anderen Orten, zunächst ebenfalls ohne oder mit wenig Ablenkung, trainieren.

Info

Wenn der Hund die Kiste früher verlässt

Steigt der Hund früher aus der Kiste als geplant, behelfen Sie sich mit einem einfachen Trick. Geben Sie einfach das Hörzeichen für das Verlassen der Kiste (**HOPPA**) genau dann, wenn der Hund Anstalten macht, aus der Kiste zu steigen. Schimpfen Sie nicht und greifen auch sonst nicht korrigierend ein. Verzichten Sie lediglich auf Ihr **GUT** oder den Click und Belohnung. Achten Sie beim nächsten Durchgang auf eine noch deutlichere Körpersprache, die den Hund zum Verharren bewegt und reduzieren die angestrebte Verweildauer ein wenig. Klappt dies zur Zufriedenheit, kann die Dauer erneut langsam erhöht werden. Wichtig ist zudem, dass jeder deutliche Forschritt des Hundes auch deutlich attraktiver belohnt wird (siehe Stichwort verhaltensangepasste Belohnung Seite 15).

Auf größere Entfernung in die Kiste schicken

Voraussetzungen   Diese Übung kann trainiert werden, wenn der Hund zuverlässig auf Hör- und Sichtzeichen in die Kiste steigt oder springt. Wer schon mit Erfolg längeres Verweilen in der Kiste geübt hat, sollte darauf achten, dass dies nicht verwässert und noch kleinschrittiger als ohnehin vorgesehen üben.

„Entfernung" heißt zu Beginn: ein bis zwei Schritte!

So wird's gemacht   Geben Sie Ihr Hörsignal mit Sichtzeichen zunächst aus gewohnter Entfernung (evtl. noch direkt neben der Kiste stehend).
Beim zweiten Durchgang erhöhen Sie die bisherige Distanz zur Kiste um einen Schritt und schicken den Hund wie gewohnt. Vorausgesetzt dies hat gut geklappt, entfernen Sie sich beim dritten Durchgang um einen weiteren Schritt und wiederholen die Übung

so mehrmals. In der Regel ist die Erhöhung um zwei bis drei Schritte für die meisten Hunde kein großes Problem, etwas schwieriger wird es bei größerer Entfernung zwischen Mensch und Kiste. Wiederholungen auf mittelschwerem Niveau sind daher wichtig. Möglich, dass Sie die Entfernung danach nur in recht kleinen Schrittchen erhöhen können.

Wer möchte, kann hier auch zu einem kleinen Trick greifen: Zeigen Sie dem Hund seinen Lieblingshappen, werfen diesen aus einiger Entfernung in die Kiste und schicken den Hund dann mit dem bekannten Hör- und Sichtzeichen hinein. Der Ablauf ist ihm ja schon bekannt, nur seine Motivation auch aus Entfernung in die Kiste zu steigen, soll erhöht werden. Wer mit Clicker arbeitet, clickert bei dieser Übung, wenn der Hund in die Kiste gestiegen ist, möglichst bevor oder während er sein Leckerchen verspeist.

SITZ, PLATZ in der Kiste

Voraussetzungen Hunde, die das kurze Verharren in der Kiste beherrschen, können, sofern die Kiste groß genug ist, dort kleine Hörzeichen ausführen lernen. Die Hörzeichen sollte der Hund in Normalsituationen schon befolgen. Am einfachsten ist das **SITZ** zu realisieren.

Hier klappt das SITZ auch im Karton.

So wird's gemacht Auch wenn Sie den Hund schon auf Entfernung in die Kiste schicken können, empfiehlt es sich, zunächst wieder in direkter Nähe zu trainieren. Voraussetzung ist, dass der Hund **IN DIE KISTE** befolgt, damit nicht möglicherweise gleich zwei Hörzeichen auf einmal eher ab- als antrainiert werden. Sobald der Hund also in der Kiste ist, geben Sie Hörzeichen **SITZ**. Es ist hilfreich, wenn zeitgleich zum **SITZ** ein deutliches Sichtzeichen gegeben wird, auch wenn der Hund dies bislang eventuell noch nicht kannte. Das gängige Zeichen

Info

Korrektes PLATZ und BLEIB

Viele Hundebesitzer legen bei der Alltagserziehung großen Wert auf ein korrektes Platz und Bleib oder Sitz und Bleib, bei dem nur der Mensch diese Hörzeichen mit einem Freigabesignal (**LAUF** o. Ä.) wieder aufhebt und der Hund ggf. korrigiert wird. Falls Sie zu dieser bewundernswert konsequenten Spezies gehören und die Übung **SITZ/PLATZ** in der Kiste gern in Ihr Repertoire aufnehmen möchten, sollten Sie ähnlich kleinschrittig vorgehen. Je kürzer die Zeitdauer bei **SITZ/PLATZ** und Verharren in der Kiste zu Beginn ist, desto geringer die Gefahr, dass der Hund einen Fehler macht, korrigiert werden muss und frustriert wird. Es ist nicht nötig und eigentlich eher kontraproduktiv, beim Abliegen oder Sitzenbleiben vom Hund sofort die gleiche Dauer zu verlangen wie im Alltag. Auch wenn Hunde, die konsequent so erzogen wurden, mit angemessenen Korrekturen in der Regel kein Problem haben, stärkt ein möglichst ausschließliches Lernen am Erfolg bei allen Hunden die Lernmotivation für Tricks und spielerische Übungen ungemein.

für **SITZ** ist der erhobene Zeigefinger, der in gewisser Weise die aufrechte Haltung beim Sitzen abbildet. Sitzt der Hund, clicken Sie (oder **GUT**) und geben die Belohnung.

Möchten Sie ein längeres Sitzen einüben, so gehen Sie ebenso wie beim oben beschriebenen längeren Verharren vor: Erst wird das bloße Sitzen verstärkt, dann die Zeit auf zwei bis drei Sekunden etwas ausgedehnt, geclickt, belohnt und so fort.

Bitte bedenken Sie, dass längeres Sitzen für den Hund anstrengend ist und wenige Minuten am Stück generell nicht übersteigen sollte – egal ob mit oder ohne Kiste.

Auf dieselbe Weise kann das **PLATZ** in der Kiste geübt werden. Auch hier gilt: Erste Übungsschritte in unmittelbarer Nähe, Hör- und möglichst deutliches Sichtzeichen (zum Beispiel die flache Hand) für **PLATZ**, dann zunächst das bloße Sich-Hinlegen verstärken und belohnen. Wer möchte, kann die längere Verweildauer im **PLATZ** schrittweise üben, bei vorzeitigem Abbruch durch den Hund Hörzeichen **HOPPA** geben, beim nächsten Mal die Verweildauer leicht verringern, bei erneutem Erfolg wieder langsam erhöhen.

PLATZ führen viele Hunde eher ungern in der Kiste aus. Eine leckere Belohnung hilft.

Winken in der Kiste

Voraussetzungen   Hunde, die zuverlässig auf Signal in die Kiste klettern, dort bis zu einem Freigabesignal (**HOPPA**) bleiben und sich auf Hörzeichen setzen und sitzen bleiben, können zusätzlich das Winken in der Kiste lernen. Achten Sie dazu darauf, dass die Kiste groß genug ist, damit der Hund genügend Bewegungsraum hat.

So wird's gemacht   Wie Sie das Winken trainieren, lesen Sie bitte ab Seite 105. Bevor dies in der Kiste geübt wird, sollte das Winken isoliert eingeübt worden sein. Wie immer, wenn eine eigentlich schon eingeführte Übung in einer neuen Situation oder Umgebung, hier in der Kiste, trainiert wird, werden erneut erste Ansätze verstärkt (**CLICK/ GUT**) und mit Leckerchen belohnt. Wenn Sie möchten, können Sie dem Winken in der Kiste auch ein neues Hörzeichen geben: **SAG' AUF WIEDERSEHEN**. Dazu geben Sie zunächst eine Weile die bekannten Hörzeichen (**IN DIE KISTE**, **WINKEN**) und stellen dann das neue Hörzeichen voran, sobald der Hund das gewünschte Verhalten zeigt: **SAG' AUF WIEDERSEHEN WINKEN**. Wurde dies oft genug wiederholt, werden Sie **WINKEN** schnell nicht mehr benötigen, da der Hund bereits auf **SAG' AUF WIEDERSEHEN** reagiert. Bitte dabei jeden deutlichen Fortschritt des Hundes besonders attraktiv belohnen!

Nach so viel Spaß in der Kiste klappt auch das Winken.

Für Anspruchsvolle: VERSTECK DICH

Das Versteckspiel in der Kiste setzt zunächst das Lernen einer anderen Übung voraus: Das sogenannte klassische Down, dem wir hier die Bezeichnung **VERSTECK DICH** geben wollen. Das Besteigen der Kiste und ein kurzes Verharren im Platz sollten schon gut klappen. Für das Erlernen dieses Signals möchten wir Ihnen zwei Möglichkeiten vorstellen. Je mehr Tricks und Übungen der Hund schon über den Weg Verstärkung mit **CLICK/GUT** und Belohnung gelernt hat, desto leichter wird ihm **VERSTECK DICH** fallen.

Variante 1

Voraussetzungen

Die erste Variante ist gut für geduldige Menschen mit eher ruhigen Hunden geeignet. Sie mag etwas anstrengender und langwieriger sein, fördert aber beim Menschen die Tugend der ruhigen Beharrlichkeit und beim Hund Beobachtungsgabe und Aufmerksamkeit dem Besitzer gegenüber. Reagiert wird hier auf vom Hund ohnehin gezeigtes Verhalten, das nicht durch den Menschen hervorgerufen wird.

So wird's gemacht

Konkret heißt dies, den Hund gut zu beobachten, genau dann zu clicken, wenn er seinen Kopf auf dem Boden ablegt und ihn anschließend entsprechend zu belohnen. Diese Vorgehensweise dauert erfahrungsgemäß etwas länger, da der Hund – durch den Clicker in eine Erwartungshaltung versetzt – vor allem in der ersten Tagen **DOWN** nicht mehrmals hintereinander zeigen wird. Doch wer ausreichend Geduld mitbringt, kann dennoch erfolgreich sein! Gleichzeitig zum Click gibt man das Hörzeichen **VERSTECK DICH**, damit der Hund das Verstärkungsgeräusch nicht für einen zufälligen Ausrutscher hält, sondern durch seine „Hörzeichen-Erprobtheit" erkennen kann, dass es sich um eine Übung handelt. Ein zusätzliches Sichtzeichen empfiehlt sich unbedingt. Wer die flache Hand noch nicht für **PLATZ** belegt hat, kann diese verwenden. Ein anderes visuelles Signal könnte die ausgestreckte Hand sein, die deutlich in Richtung Boden zeigt.

Ein schönes DOWN

Achten Sie darauf, **VERSTECK DICH** nicht zu früh einzufordern, sondern gehen durchaus von einigen Wochen Übung bei mindestens drei bis vier Wiederholungen am Tag aus. Ob der Hund schon eine Verknüpfung vorgenommen hat, können Sie feststellen, indem Sie nach einiger Zeit den Hund ansprechen und das Wortsignal sowie das Handzeichen für **VERSTECK DICH** geben. Legt er seinen Kopf auf den Boden, sollten Sie ein wahres Freudenfeuerwerk abbrennen und mindestens gebratene Hühnerbruststückchen springen lassen! Reagiert der Hund noch nicht auf das bloße Sichtzeichen, trainieren Sie einfach noch weiter an der Verknüpfung. Erst wenn er zuverlässig auf das Handzeichen reagiert, kann das Wortsignal **VERSTECK DICH** gefordert werden. Verlegen Sie **VERSTECK DICH** dann an verschiedene, ablenkungsfreie Orte und trainieren dort weiterhin mit Click und Leckerchen. Es reicht aus, wenn Sie dazu einfach das Zimmer wechseln. Wenn eine Generalisierung stattgefunden hat, können Sie an der bereits bekannten Kiste arbeiten, den Hund hineinschicken und Hörzei-

Für diese Übung muss die Kiste natürlich groß genug sein.

chen **VERSTECK DICH** geben. Sobald der Kopf des Hundes den Boden berührt, folgen Click und – Sie ahnen es schon – beim ersten Erfolg in der Kiste ein leckerer Jackpot eventuell noch mit anschließendem Spiel. Zeigt der Hund das **DOWN** in der Kiste noch nicht, üben Sie noch ein Weilchen an unterschiedlichen Plätzen der Wohnung weiter, womöglich hat er das Signal noch nicht ausreichend verallgemeinert.

Variante 2
Hilfsmittel

Geeignet für alle Hunde, als Besitzer sollte man beweglich sein. Benötigt werden Clicker oder Stimme, in jedem Fall Leckerchen.

So wird's gemacht

Gehen Sie in die Hocke, strecken ein Bein aus oder setzen sich mit ausgestreckten Beinen auf den Boden. Rufen Sie Ihren Hund zu sich und winkeln ein oder beide Beine so an, dass diese einen kleinen Tunnel bilden. Locken Sie ihn nun mit dem Leckerchen in der einen Hand unter Ihr Bein und verkleinern den „Tunnel" so, dass der Hund sich beim Verfolgen des Leckerlis möglichst flach auf den Boden legen muss. Sobald sein Kopf dabei für einen Moment flach am Boden liegt, clicken Sie (alternativ **GUT**) und geben die Belohnung. Es empfiehlt sich unbedingt, gleich zu Beginn ein Sichtzeichen mit einzuführen. Die flache Hand kann wählen, wer diese nicht schon für das **PLATZ** verwendet. Auch der waagerecht

Variante mit Bein-
tunnel fürs DOWN

ausgestreckte Zeigefinger ist ein mögliches Sichtzeichen. Bei beiden
Zeichen sollte das Leckerli mit dem Daumen (oder den anderen
Fingern) unter der Hand fixiert werden. Manche Hunde legen
bei dieser Variante ihren Kopf nicht ganz gerade auf den Boden,
sondern leicht schräg. Das macht gar nichts und darf Sie für den
Anfang völlig zufriedenstellen.

Scheuen Sie sich nicht, diese Variante auszuprobieren. So artistisch
sie in geschriebener Form klingen mag, ist sie keineswegs, dafür
aber effektiv und im Gegensatz zu älteren Down-Methoden völlig
gewaltfrei! Die meisten Hunde mögen diese Übung gern und das
gute Vertrauensverhältnis zu ihren Besitzern lässt Scheu vor dem
kleinen Tunnel zumeist gar nicht erst aufkommen. Wiederholen Sie
die Übung mehrmals über den Tag verteilt und versuchen Sie stets
in genau dem Moment zu verstärken, wenn der Kopf des Hundes
möglichst flach am Boden liegt.

Hat der Hund verstanden, dass das flache Liegen belohnt wird – das
bemerken Sie an seiner aktiven Bereitschaft den Kopf abzulegen –
können Sie das Hörzeichen **VERSTECK DICH** einführen. Dieses
geben Sie wie üblich erst, wenn der Hund das gewünschte Verhalten zeigt. Er befindet sich schließlich noch in der Lernphase und
muss ausreichend Möglichkeit erhalten, Wortsignal und Handlung
zu verknüpfen. In der Regel beginnen Hunde wesentlich schneller
auf Sichtzeichen zu reagieren als auf Wortsignale. Die Verbindung
mit dem Hörzeichen dauert in der Regel etwas länger und kann
durchaus ein paar Wochen in Anspruch nehmen.

Click, wenn die Schnauze den Boden berührt!

Zu frühe Hörzeichen

Sollten Sie einmal etwas zu früh per Hörzeichen einen bestimmten Trick oder eine Übung eingefordert haben und der Hund darauf noch keine Reaktion zeigen, ist das kein Beinbruch. Registrieren Sie lediglich, dass Ihr Hund noch nicht so weit ist, trainieren noch eine Weile an der Verknüpfung von Wort und Signal und geben das Hörzeichen für eine Weile wieder ausschließlich erst dann, wenn der Hund das gewünschte Verhalten zeigt.

Da das flache Abliegen vom Hund besondere Konzentration und Geduld erfordert, sollte **VERSTECK DICH** nicht zu oft hintereinander trainiert werden. Denken Sie immer an die bettelnden Hundeaugen: „Bitte weiter, nur noch einmal!" Dann ist der richtige Zeitpunkt, um aufzuhören.

Im nächsten Schritt kann nun ein längeres **VERSTECK DICH** angestrebt werden. Der Hund sollte für diese Schwierigkeitsstufe bereits auf Hör- und Sichtzeichen reagieren. Mancher Hund mag in diesem Stadium noch den Tunnel als Hilfe benötigen, was in Ordnung ist. Locken Sie den Hund erneut mit Leckerchen, Clicker und Sichtzeichen ins flache Liegen. Sobald er den Kopf ablegt, zählen Sie ruhig bis zwei, drei oder vier (je nach Temperament des Hundes), clicken und belohnen erst dann. Die Zeitdauer bis zum **CLICK** darf nun schrittweise auf fünf bis zehn Sekunden erhöht werden. Dann kann man beginnen, den Tunnel als Hilfe abzubauen und lediglich mit Hör- und Sichtzeichen zu üben.

Wenn es an verschiedenen ruhigen Plätzen der Wohnung gut funktioniert, kann man es in die Kistenübung integrieren, den Hund aus unmittelbarer Nähe in die Kiste schicken und zum Verstecken auffordern. Verstärken und belohnen Sie bei den ersten Schritten an der Kiste zunächst erneut ein ganz kurzes, flaches Liegen und steigern dies langsam. Diese Übung ist übrigens ein hundertprozentiger Herzensbrecher, mit dem man nicht so hundebegeisterte Gäste für sich gewinnt! Selbstverständlich kann man **VERSTECK DICH** auch als Einzeltrick trainieren und auf das Üben in der Kiste verzichten.

Kurz gefasst

Langsam trainieren

Gehen Sie bei diesen Übungen stets langsam und kleinschrittig vor und machen den nächsten Schritt erst dann, wenn der vorherige wirklich gut sitzt, egal wie lange das dauert. Trainieren Sie nach wie vor in kleinen Einheiten, um den Hund nicht durch zu viele Wiederholungen zu ermüden und beenden Sie jedes Training mit einem noch motivierten Hund.

Krabbeln ist anstrengend – für gesunde Hunde eine gute Gymnastik, aber in der Länge bitte nicht übertreiben.

Manchmal fällt etwas Anderes ab: LASS' KRABBELN

Eine schöne Erfahrung, die man im Spiel mit dem Hund machen kann, ist die Entdeckung der hundlichen sowie der eigenen Kreativität. Je mehr Sie ausprobieren, desto vielfältigere Spielarten werden Sie entdecken und von Ihrem ursprünglichen Vorhaben, eventuell gerade das **VERSTECK DICH** zu üben, abweichen, weil etwas Anderes Ihre Aufmerksamkeit mehr fesselt. Vielleicht haben Sie ja während der Tunnelübung bemerkt, wie leicht der Hund so das Krabbeln lernen kann! Dann gehen Sie ruhig dahin, „wohin Ihr Hund Sie zieht", für eine Rückkehr zum **VERSTECK DICH** und den Kistenübungen haben Sie noch alle Zeit der Welt.

So wird's gemacht Setzen Sie sich bequem in die bekannte Tunnelposition und bewaffnen sich mit Clicker und Leckerchen. Zeigen Sie dem Hund das Leckerli in der Hand und lassen ihn unter Ihre angewinkelten Beine kriechen. Sobald sein Kopf unter Ihren Beinen ist – ob nun flach oder nicht spielt keine Rolle – locken Sie ihn mithilfe des Häppchens vor der Nase weiterzukrabbeln und bewegen die Beine gleichzeitig einfach ein Stück weiter. Dadurch, dass Sie auf dem Boden sitzen, drehen Sie sich nun quasi im Kreis. Ist der Hund auf diese Weise krabbelnd ein kleines Stückchen gelaufen, clicken Sie, halten an und geben die Belohnung. Bei den meisten Hunden funktioniert das Krabbeln auf diese Weise sehr schnell und man kann die Dauer bald stufenweise erhöhen und ein entsprechendes Hörzeichen, wie zum Beispiel **LASS' KRABBELN**, einführen. Als

Sichtzeichen kann die sich vom Hund schlängelnd wegbewegende Hand verwendet werden, in der auch das Leckerchen sein sollte. Nach einigen Tagen fleißigen Übens können Sie versuchsweise darauf verzichten, den beweglichen Tunnel zu mimen und in der Hocke mit Sichtzeichen trainieren. Sollte es dafür noch zu früh sein, lassen Sie den Hund noch eine Weile unter Ihren Beinen krabbeln. Mitunter brauchen einige Hunde hier etwas länger körpersprachliche Unterstützung, man sollte also nicht von heute auf morgen übergangslos von der Tunnelposition in den aufrechten Stand „umspringen". Klappt alles zufriedenstellend, so kann man in eine mehr oder minder aufrechte Haltung übergehen, jedoch weiterhin mit (aus menschlicher Sicht) überdeutlichem Sichtzeichen. Clicken oder **GUT** und Belohnungshappen bleiben bis zur guten Beherrschung des **LASS' KRABBELN** jedes Mal obligatorisch und sollten dann variabel gegeben werden.

„Mücke" ist noch nicht so wirklich glücklich in der Kiste. In solchen Fällen nicht mit Belohnung geizen und häufig auf diesem Trainingsstand belohnen.

Mit der Kiste zum Latinum! Hörzeichen in fremder Sprache

Voraussetzungen

In die Kistenübungen lassen sich schöne und publikumswirksame Tricks integrieren, wie zum Beispiel diese, für die folgende Voraussetzungen gegeben sein sollten:

Der Hund lässt sich zuverlässig auf eine kleine Entfernung in die Kiste schicken, hat gelernt dort zu verharren, bis er das Freizeichen **HOPPA** erhält. Die ganz Fleißigen befolgen auch schon Sitz, Platz und/oder sogar **VERSTECK DICH** auf Sicht- und Hörzeichen. Trainiert wird mit kleinen Leckerchen, dem Clicker, der Stimme und einigen lateinischen Wörtern. Da man mit der Kenntnis der lateinischen Sprache gemeinhin größten Eindruck schinden kann, haben wir eben diese gewählt. Wer seinem Hund durch Graecum oder Hebraeicum zu noch mehr Bildung und Ansehen verhelfen möchte, der lasse sich gern inspirieren oder greife zur ganz persönlichen Lieblingssprache seiner Wahl. Auch selbst erfundene Kunstwörter können natürlich verwendet werden. Englisch kann heutzutage schließlich jeder...

So wird's gemacht

Anders als für den Menschen ist der Erwerb zumindest des kleinen Latinums für den Hund leicht. Geben Sie ihm zunächst das bekannte Hörzeichen **IN DIE KISTE** mit der dazugehörigen Körperhaltung (eindeutiges Zeigen auf die Kiste). Sobald sich der Hund in Bewegung setzt, fügen Sie ein deutliches **ILLUC** (dorthin) hinzu. Kommt er in der Kiste an, folgt ein klares **MANE (BLEIB)** in Verbindung mit der dem Hund bereits bekannten, zum Stoppschild erhobenen Hand aus der Übung „Verharren in der Kiste". Dem bekannten **HOPPA** lassen Sie das lateinische **SALI (SPRING)** folgen. Da dem Hund der Ablauf und Ihre körpersprachlichen Signale in dieser Übung längst bekannt sind, ist die Abfolge dreier neuer Begriffe hier ganz unproblematisch. Er weiß ja schon längst, was zu tun ist und soll zum Handlungsablauf jetzt neue Worte hören, deren Herkunft ihn selbst sicher völlig kalt lassen, Ihren bildungsbeflissenen Großonkel hingegen in helle Begeisterung versetzen werden! Probieren Sie ruhig auch einmal, diese Handlungskette ganz ohne Worte, nur mit Körpersprache durchzuführen. Man kann fast eine Garantie abgeben, dass dies zum jetzigen Stadium genauso gut funktionieren wird. Umso mehr an der Zeit etwas Blendwerk einzusetzen, um von der staunenden Umgebung die fällige Bewunderung und Loblieder für all den Fleiß zu ernten!

Info

Neue Hörzeichen einführen

Wenn Sie ein Hörzeichen durch ein anderes ersetzen möchten (gilt analog für Sichtzeichen) müssen Sie sich folgende Regel merken: Das neue Signal wird immer
unmittelbar vorangestellt! Wenn Sie Ihrem Hund beispielsweise beibringen möchten, auf Pfiff zu kommen, müssen Sie erst pfeifen und dann den Hund rufen. Nach
einigen Wiederholungen lernt Ihr Hund, dass auf diesen Pfiff immer das **KOMM**-
Signal ertönt, also kann er genauso gut auch gleich kommen.

Üben Sie das Beschriebene mehrmals hintereinander über einen
Zeitraum von mehreren Tagen. Relativ schnell werden Sie die deutschen Begriffe weglassen können, um ausschließlich die lateinischen aufzusagen, wenn Sie Ihrem Hund körpersprachlich deutlich
genug unter die Arme greifen: **ILLUC MANE SALI**.

Dann ist es an der Zeit für Lektion 2, die für diejenigen Hunde
gedacht ist, die **SITZ** und/oder **PLATZ** in der Kiste befolgen.
Schicken Sie den Hund mit **ILLUC** zur Kiste, geben dort das Sichtzeichen für **SITZ** (erhobener Zeigefinger) und gleichzeitig das lateinische **SEDE** (**SITZ**). Wer ganz hundertprozentig korrekt vorgehen
will, schaltet noch das lateinische **SEDE** vor das deutsche **SITZ**. In
der Regel wird dies allerdings durch das sehr deutliche Sichtzeichen
für **SITZ** nicht mehr nötig sein und man kann direkt zur lateinischen Entsprechung übergehen. Trauen Sie sich ruhig etwas: Ihr
Hund hat durch die bisherige spielerische Beschäftigung mit ihm
schon längst gelernt, Ihre körpersprachlichen Signale zu lesen.
Nun treten Sie einen deutlichen Schritt zurück und geben das
Hörzeichen **INSTA** (**FREI**) oder wer möchte, zunächst noch eine
Weile **INSTA-HOPPA**. Ebenso können Sie mit **PLATZ** verfahren:
Körpersprache in Richtung Kiste und **ILLUC** Sichtzeichen für
PLATZ und **PONE** (**LEGEN**). Diejenigen, die immer noch nicht
genug von Latein bekommen können, üben auf gleiche Weise
VERSTECK DICH: **ILLUC OCCULTA** (**VERSTECK DICH**).
Auch hier können Sie das deutsche Hörzeichen **VERSTECK**
DICH entweder für eine Weile mit **OCCULTA** verbinden oder
gleich auf Körpersprache setzen (vorausgesetzt natürlich Sie verwenden ein deutliches Sichtzeichen für **VERSTECK DICH**) und
nur **OCCULTA** geben. Wer seinen Hund auf Latein noch winken
lassen möchte, übe die Vokabel **WINKERIBUS** mit dem sitzenden
Hund, dem das Winken leichter fällt als dem stehenden. Der staunenden Öffentlichkeit präsentieren Sie sich, wenn Sie auf die deutschen Vokabeln verzichten können – ausschließlich auf Latein!

Trick 17 – mit Körpersprache zur Kiste

Voraussetzungen und Hilfsmittel

Aufbauend auf dem bisher Gelernten kann man mit dem folgenden Trick die Beobachtungsgabe und Konzentration des Hundes noch weiter fördern – ganz nebenbei lernen Sie, ohne Worte mit Ihrem Hund zu kommunizieren. Eine wunderbare Übung, die die Verständigung mit dem Hund ganz allgemein auf eine neue Ebene heben kann.

Voraussetzungen sind lediglich ein bereits rasches und zuverlässiges **IN DIE KISTE** auf eine kleine Entfernung von etwa zwei Metern sowie optimalerweise ein kurzes Verharren. **SITZ**, **PLATZ**, **WINKEN** und **VERSTECK DICH** können, müssen aber nicht mit eingebaut werden. Sie benötigen viele kleine Leckerlis, möglichst den Clicker (oder Stimme), zunächst zwei, später mehr (je nach Wunsch und Ausdauer drei bis vier) verschiedenfarbige Kisten.

Schritt 1

Beginnen Sie zunächst mit zwei verschiedenfarbigen Kisten und stellen beide in ca. zwei Metern Entfernung links und rechts von sich auf. Zwischen den beiden Kisten sollte für die ersten Schritte ein deutlicher Abstand von etwa zwei Metern bestehen. Schicken

Hunde können gut erkennen, wo der Mensch hinblickt. Hier zeigt der Blick und ein leicht vorgestelltes Knie die richtige Kiste an.

Sie den Hund nun mit einer deutlichen Körperhaltung – Arm verweist auf die entsprechende Kiste – und dem bekannten Hörzeichen zum gewünschten Ort. Bedenken Sie, dass der Hund nur ein Hörzeichen erhält, aber zwei Kisten zur Auswahl hat, weswegen ihm Ihr Körper den richtigen Weg weisen muss. Wichtig ist daher auch Ihre Position. Wenn Sie mit der linken Kiste beginnen, sollten Sie sich vom Hund aus gesehen auch links befinden. Starten Sie mit der rechten Kiste, stehen Sie vom Hund aus gesehen rechts, um ihm die Orientierung zu erleichtern.

Selbstverständlich können Sie, wenn Ihr Hund zögert, mit zur Kiste laufen. Sollte der Hund durch die zweite Kiste verwirrt sein, vergrößern Sie den Abstand zwischen den Kisten noch mehr. Wiederholen Sie die Übung mehrere Male, achten auf eine eindeutige Körpersprache und verstärken/belohnen das richtige Verhalten. Dann versuchen Sie den Richtungswechsel.

Da der Hund nun auf die ursprüngliche Richtung fixiert sein wird, sollten Sie Ihre Position ändern: Haben Sie den Hund eben noch links stehend in die linke Kiste gelotst, schicken Sie ihn jetzt zu seiner Rechten in die rechte Kiste. Denken Sie dabei weiterhin an klar sichtbare Signale und strecken Sie Ihren Arm deutlich in die entsprechende Richtung. Da Hunde erkennen können, wohin der Mensch blickt, sollten Sie immer auch ebenso eindeutig zur richtigen Kiste schauen.

Hier noch einmal mit deutlicherer Körpersprache. Für hundeunerfahrene Zuschauer sieht das schnell nach Zauberei aus.

Schritt 2

Sobald Sie nicht mehr mitlaufen müssen, geben Sie die Hör- und Sichtzeichen stehend und beginnen, gleichzeitig zum Arm auch mit dem Knie leicht auf die gewünschte Kiste zu deuten. Üben Sie dann abwechselnd und schicken den Hund mal rechts, mal links mit Handzeichen und Knie. Belohnung nicht vergessen!

Sobald dies fleißig und erfolgreich eingeübt ist, können Sie eine dritte andersfarbige Kiste ins Spiel bringen. Beginnen Sie erneut mit einer Entfernung von mindestens 1,50 bis 2 Metern zwischen den aufgestellten Kisten, geben zusätzlich zum Hörzeichen ein eindeutiges Sichtsignal auf eine der Kisten und laufen, wenn nötig, mit. Für das Schicken in die mittlere Kiste gilt es auszuprobieren, auf welcher Seite des Hundes Sie sich am besten positionieren. Zeigt sich der Hund eventuell irritiert, können Sie den Abstand zwischen den Kisten beliebig vergrößern. Üben Sie erneut eine Zeit lang mit Hörzeichen, eindeutiger Körpersprache mit Arm und Knie und natürlich den obligatorischen Belohnungshäppchen. Sobald der Hund, ohne Zögern, die angezeigte Kiste ansteuert, kann deren Entfernung zueinander schrittweise auf etwa einen Meter ver-

ringert werden. Da der Hund
ganz nebenbei gelernt hat,
immer aufmerksamer auf
Ihre Körpersignale zu achten,
können Sie diese nun etwas
reduzierter einsetzen. Probieren Sie einfach aus, wie viel
körpersprachliche Unterstüt-
zung Ihr Hund noch benötigt und stellen sich entsprechend darauf

Übungsaufbau mit
sehr deutlicher
Körpersprache

ein. Strecken Sie den Arm immer weniger weit aus, bis schließlich
nur noch die Hand auf eine der Kisten deutet, zeigen Sie leicht mit
dem Knie in dieselbe Richtung und lassen das Hörzeichen **IN DIE
KISTE** nun immer häufiger ganz weg. Jeder deutliche Fortschritt
in Sachen **IN DIE KISTE** mit reduzierter Körpersprache sollte auf
besondere Weise belohnt werden.

Schritt 3

Funktioniert dies gut, kann, wer mag, noch eine weitere Hürde in Angriff nehmen. Das Deuten auf eine der drei Kisten völlig ohne Worte und ohne Handsignal ausschließlich mit dem Knie. Man täuscht sich übrigens zu glauben, dies sei zu schwer für den Hund. Hunde sind wahre Beobachtungs- und Interpretationskünstler unserer Handlungen und noch zu weitaus feineren Wahrnehmungen imstande, als das Zucken eines Beinmuskels zu registrieren. Trauen Sie sich und Ihrem Hund also ruhig mehr zu!

Hier wird schon auf das Deuten mit der Hand verzichtet.

Kisten-Variante für Zuschauer

Voraussetzungen und Hilfsmittel

Aufbauend auf der vorherigen Übung können Sie eine interessante Variante für Publikum trainieren. Hier kommt nun auch die Verschiedenfarbigkeit der Kisten ins Spiel, die bislang keine Rolle gespielt hat, da der Hund sich nicht an den Farben, sondern an der Körpersprache orientiert hat. Voraussetzung ist, dass der Hund sich auf eine möglichst kleine Andeutung der Richtung mit dem Knie in die richtige Kiste lenken lässt. Scheuen Sie sich nicht, mit breiter Brust anzukündigen, Ihr Hund könne auf Ihr Hörzeichen hin Farben unterscheiden. Mit selbstbewusstem Auftreten schläfert man die kritische Aufmerksamkeit seines Gegenübers bekanntermaßen leicht ein. Weil von Ihnen so angekündigt, werden Ihre Zuschauer sich in erster Linie auf die Beobachtung des Hundes und der Farben konzentrieren und auf Ihre Körpersprache kaum achten.

So wird's gemacht

Stellen Sie die Kisten in gewohntem Abstand und entsprechender Entfernung auf oder bitten einen Ihrer Zuschauer, dies zu tun. Verwenden Sie ein deutliches Hörzeichen **IN DIE KISTE BLAU**, **IN DIE KISTE ROT** usw. und zeigen dezent mit dem Knie in die richtige Richtung. Auch wenn Sie das Hörsignal gar nicht mehr benötigen – hier dient es der Ablenkung des Publikums von Ihren Körpersignalen: Der Hund unterscheidet die Nennung der verschiedenen Farben ja keineswegs, der augen- und ohrenorientierte Zuschauer hingegen schon! Keine Bange, das dem Hörzeichen **IN DIE KISTE** hinzugefügte **BLAU** (**ROT** oder **GELB** usw.) wird den Hund durch die fleißigen Vorarbeiten nicht irritieren. Selbstverständlich können Sie dies aber schon im Vorfeld für sich allein üben. Als i-Tüpfelchen können Sie Ihre Zuschauer bitten, die Kiste zu bestimmen, die der Hund als nächstes aufsuchen soll und so eine von Ihnen ganz unabhängige Auswahl suggerieren. Sollten Sie dennoch im Laufe der Vorführung „überführt" werden, so lachen Sie einfach gemeinsam und erläutern hochtrabend die großartige Wahrnehmungsfähigkeit Ihres Hundes!

Info

Sind Hunde farbenblind?

Farben spielen für das Nasentier Hund natürlich nur eine untergeordnete Rolle. Das bedeutet aber nicht, dass sie farbenblind sind. Hunde können sehr wohl die meisten Farben unterscheiden, sind aber rot-grün-blind, d. h. sie können Rot nicht erkennen. Es ist also durchaus möglich, dem Hund die unterschiedlichen Farbbezeichnungen beizubringen. (Quelle Wikipedia)

Und jetzt bitte APPLAUS!

Voraussetzungen und Hilfsmittel

Hier lernt der Hund mit den Vorderpfoten, oder je nach Lust, mit allen vieren auf eine Kiste zu steigen und eine kleine Verbeugung zu zeigen.

Für dieses kleine Kunststück benötigen Sie Clicker, Targetstick, Leckerchen und eine Kiste. Wer nicht mit Target und Clicker arbeitet, versucht es mit Leckerchen und verbaler Verstärkung (**GUT**) im richtigen Moment. Achten Sie darauf, dass die verwendete Kiste solide und auf keinen Fall zu leicht ist. Sie könnte sonst umfallen, wenn der Hund seine Pfoten darauf setzt, und ihn unnötig erschrecken. Zusätzlich sollten Sie die Kiste bei den ersten Versuchen festhalten oder mit dem Fuß fixieren. Im Laufe der Übungen lernt der Hund in der Regel schnell, wie und wo er am sichersten auf der Kiste steht. Die Übung fördert beim Hund Gleichgewichtssinn, bedächtiges Bewegen, Geduld und Selbstsicherheit.

So wird's gemacht

Schritt 1

Im ersten Schritt lernt der Hund, auf die umgedrehte Kiste zu steigen. Zeigen Sie ihm den Targetstick in unmittelbarer Nähe der Kiste und führen diesen so, dass der Hund auf die Kiste steigen muss. Zu Beginn soll die Kiste möglichst niedrig sein, in der Regel wird man im weiteren Verlauf auf eine etwas höhere umsteigen können. Sobald der Hund mit beiden Pfoten auf der Kiste steht, folgen Click und Leckerchen. Wer nicht mit Stab und Clicker arbeitet, versucht den Hund mit Leckerli in der Hand auf die Kiste zu locken, verstärkt dann mit **GUT** und belohnt wie gehabt. Es gibt immer wieder Hunde, die zunächst nur mit einer Pfote auf die Kiste steigen. Auch dies kann als erster Schritt eine Weile verstärkt und belohnt werden. Mit zunehmender Selbstsicherheit werden sich auch die zurückhaltenderen Genossen mit zwei Pfoten auf die Kiste locken lassen. Steigt der Hund sicher auf die Kiste, können Sie auf den Targetstick (nicht aber auf Verstärker und Belohnung) verzichten und führen nun ein Hörzeichen ein, wie etwa **CLIMB**. Unterstützen Sie dies mit einer deutenden Geste.

Schritt 2

Im nächsten Schritt geht es darum, eine längere Verweildauer auf der Kiste zu erreichen. Geben Sie dem Hund Hörzeichen **CLIMB** und warten, sobald er mit beiden Pfoten auf der Kiste steht, zwei bis drei Sekunden länger mit Ihrem Click (oder **GUT**) und dem Leckerchen. Dehnen Sie diese Zeitdauer auf fünf bis sechs Sekunden aus, damit der Hund noch eine Weile konzentriert und ansprechbar für den nächsten Schritt bleibt. Üben Sie dies ein paar Tage regelmäßig, aber – wie immer – nie bis zum Überdruss.

Schritt 3

Im dritten Schritt greifen Sie wieder zum Targetstick, verstecken diesen aber zunächst hinter dem Rücken und geben das bekannte Hörzeichen **CLIMB**. Hat der Hund seine Position eingenommen, holen Sie den Stab hinter dem Rücken hervor und halten ihn dem Hund so unter die Nase, dass er den Kopf senken muss. Berührt er den Stab, erfolgen Click und Leckerchen. Wer auf Stab und Clicker verzichtet, hält dem Hund ein Leckerli unter die Nase und gibt das Verstärkungssignal **GUT** sowie die Belohnung, wenn er den Kopf senkt. Nun ist regelmäßiges Training in kurzen Einheiten angesagt. Dann wird zur Kopfbewegung des Hundes ein Hörzeichen eingeführt: **APPLAUS, DANKE, BRAVO**. Bei der Wahl der Wortsignale sind Ihrer Kreativität keine Grenzen gesetzt. Ratsam ist lediglich ein höchstens zweisilbiges Wort, weil es sich schneller aussprechen lässt. Setzen Sie erneut auf die Macht der Körpersprache und machen nun eventuell zeitgleich zum Hörzeichen für den Hund selbst eine kleine Verbeugung. Das sieht nicht nur drollig aus, sondern ist auch für diejenigen leicht durchführbar, deren Hände mit Clicker und Stick beschäftigt sind.

Unterscheiden Sie von Anfang an, ob Sie nur die Vorderpfoten oder den ganzen Hund auf der Kiste haben möchten.

Die meisten Hunde klettern gern und lernen diesen Trick schnell.

Erfahrungsgemäß ist das Training mit Clicker und Targetstab für diesen Trick wesentlich effektiver als ohne, da man die gewünschte Handlung, das Senken des Kopfes, punktgenauer einfangen kann. Bei einiger Erfahrung mit dem Clicker wird der Hund recht schnell die richtige Handlung identifizieren und im Resultat schneller zeigen.

Schritt 4

Sobald Sie das Verbeugen einige Zeit auf die beschriebene Weise trainiert haben (**CLIMB**, Verbeugung des Menschen mit Stab vor dem Hund, Hörzeichen **APPLAUS**, sobald Hund Stab mit Nase berührt), können Sie versuchen, den Stab wegzulassen. Probieren Sie einfach aus, ob der Hund schon auf Ihre Verbeugung hin reagiert. Wenn ja, geben Sie das gewünschte Hörzeichen dazu und üben auf diesem Niveau noch etwas weiter. Falls nicht, macht das nichts. Nehmen Sie erneut den Targetstick oder die Hand mit Leckerchen zur Hilfe, geben Hörsignal **CLIMB**, halten Hand oder Target wie zu Beginn wieder leicht unterhalb des Hundekopfes und trainieren dies.

Beginnt der Hund auf Ihre Verbeugung zu reagieren, haben Sie die letzte Schwierigkeitsstufe dieser Übung erreicht und können nun beginnen nach **CLIMB APPLAUS** zu fordern.

Tipp

Winken auf der Kiste

Wer seinem Hund das **WINKEN** beigebracht hat (Seite 105), kann auch dieses auf der Kiste trainieren. Bevor man damit beginnt, soll beim Hund das ruhige und feste Stehen mit beiden Vorderpfoten auf der Kiste gut sitzen, damit er nicht das Gleichgewicht verliert. Außerdem darf die Kiste für diese Variante nicht zu hoch sein, ein kleines Podest ist hier völlig ausreichend.

Übungsplan zum Kistentraining – In die Kiste

Schritte	Wie wird's gemacht?	Wo?	Wie oft / Wie lange üben?	Hilfe, es klappt nicht!	Lernziel
Schritt 1	Kiste mit viel Aufhebens bereitstellen. Je ängstlicher Ihr Hund mit fremden Gegenständen ist, desto mehr freuen Sie sich: „So eine tolle Kiste!" Hund dabei nicht beachten!	Ruhige Umgebung ohne Ablenkung.	Zwischen jeder Trainingseinheit machen Sie 2 bis 5 Minuten Pause, insgesamt max. 3 Trainingseinheiten am Stück.	Falls Ihr Hund besonders ängstlich ist, stellen Sie die Kiste einfach nur im Wohnzimmer bereit und füttern ihn einige Tage in der Nähe der Kiste.	Hund nähert sich der Kiste. Falls Ihr Hund mit der Kiste an sich kein Problem hat, lassen Sie ihn Leckerchen aus der Kiste holen.
Schritt 2	Werfen Sie Leckerchen in die Kiste, die sich Ihr Hund herausholen darf.	Siehe oben.	Siehe oben.	Evtl. den Kistenrand niedriger machen oder eine kleinere Kiste verwenden.	Hund fischt sich Leckerchen aus der Kiste.
Schritt 3	Leckerchen sind so positioniert, dass der Hund sie schwerer erreichen kann.	Siehe oben.	Siehe oben.	Evtl. den Kistenrand niedriger machen oder eine kleinere Kiste verwenden.	Hund stellt mindestens eine Pfote in die Kiste.
Schritt 4	Gewöhnen Sie den Hund daran, dass die Kiste kippen kann.	Siehe oben.	Siehe oben.	Längere Gewöhnungsphase mit Schritten 1 bis 3.	Kiste wackelt und fällt um, ohne dass der Hund dabei Angst hat.
Schritt 5	Leckerchenposition und Kistengröße so wählen, dass der Hund mit beiden Vorderpfoten in die Kiste muss.	Siehe oben.	Siehe oben.	Kistenrand sehr niedrig wählen und nur langsam erhöhen.	Hund klettert bereitwillig mit beiden Pfoten in die Kiste.
Schritt 6	Große Kiste verwenden und Hund komplett hineinlocken.	Siehe oben.	Siehe oben.	Kistenrand immer noch niedrig!	Hund steigt mit allen Beinen in die Kiste.
Schritt 7	Hörzeichen einführen (unmittelbar, bevor Hund in die Kiste springt).	Siehe oben.	Siehe oben.	Zu schnell vorgegangen? Vorhergehende Schritte mehrfach wiederholen.	Hund kennt das Hörzeichen und springt oder klettert in die Kiste.
Schritt 8	Mit verschiedenen Kisten(größen) üben.	Siehe oben.	Siehe oben.	Siehe oben.	Hund läßt sich aus kurzer Distanz in verschiedene Kisten schicken.
Schritt 9	Weiter mit: SITZ und/oder PLATZ, längerer Verweildauer in der Kiste und verschiedenartigen Kisten.	Siehe oben.	Siehe oben.	Siehe oben.	Hund macht SITZ/PLATZ in verschiedenen Kisten.

ROLL DICH

Die Rolle sieht drollig aus und ist für den Hund eine kleine gymnastische Übung, die er in der Regel gern lernt und zeigt. Wer mit Clicker trainiert, sollte auf diesen auch bei **ROLL DICH** nicht verzichten.

Voraussetzungen   Für diesen Spielklassiker soll Ihr Hund sich auf ein bestimmtes Hörsignal hinlegen oder sich durch ein Leckerchen in der Hand zum Hinlegen animieren lassen.

So wird's gemacht
Schritt 1
Setzen Sie sich mit einem guten Happen zu dem Hund auf den Boden. Üben Sie alle Lernschritte nahe beim Hund sitzend oder hockend. Ein Hörzeichen ist zunächst noch nicht erforderlich. Insbesondere für die ersten Schritte sollte der Untergrund zum Liegen angenehm sein, vor allem kurzfellige Hunde legen sich auf glatten Böden mitunter recht ungern hin, ein gemütlicher Teppich oder der Rasen im Garten sind hingegen gut geeignet. Halten Sie dem Hund das Leckerchen so vor die Nase, dass er den Kopf leicht senken muss, um daran zu schnuppern und führen Ihre Hand dann in Bodennähe in Richtung Hunderippen. Sobald sein Kopf der Hand folgt, geben Sie das Verstärkungssignal **GUT/CLICK** und das Leckerchen. Lernziel Nr. 1 ist nämlich gemäß der Prämisse „In kleinen Schritten lernen", der Hand (mit Leckerli) ein Stückchen mit dem Kopf zu folgen. Üben Sie eine Weile, bis der Hund Ihrer Hand sicher bis zu seiner Flanke folgt, verstärken und belohnen Sie dies bei jedem neuen Durchgang.

Schritt 2
Im nächsten Schritt führen Sie das Leckerchen nicht nur bis zur Flanke, sondern noch etwas weiter bis zum oberen Rücken des Hundes. Üben und verstärken Sie auch diese Stellung ausreichend.

Erwarten Sie nicht gleich eine komplette Rolle, sondern belohnen Sie Ihren Hund bereits, wenn er mit seinem Kopf dem Leckerchen folgt.

Info

ROLL DICH mit dem Targestick

˙Wer schon gute Erfahrungen mit dem Targetstick-Training gemacht hat, kann **ROLL DICH** auch mit diesem einüben. Damit aber das Handling nicht umständlich ist, empfiehlt es sich, den Stab auf etwa mittlere Bleistiftgröße zu verkürzen. Ansonsten bleibt die Vorgehensweise dieselbe: Mit dem Stäbchen zunächst in Richtung Flanke/Rippen, clicken und belohnen. Dann Stick bis zum Rücken führen, clicken, belohnen usw. Sobald der Hund begriffen hat, dass er sich drehen soll, Hörzeichen einführen und in Verbindung mit Sichtzeichen einüben.

Schritt 3

Im dritten Schritt ziehen Sie die Hand leicht über die Mitte des Rückens hinaus, sodass der Hund im Grunde gar nicht mehr anders kann, als seinem Happen hinterherzurollen. Sollte er dabei noch aus dem Gleichgewicht geraten, können Sie ruhig sanft mit Ihrer freien Hand nachhelfen und seine Rollbewegung auf die andere Seite unterstützen. Hat er sich über den Rücken gedreht, folgen **GUT/CLICK** und Belohnung. Bei ruhigeren Hunden dürfen **GUT/CLICK** direkt im Moment der Drehung erfolgen, temperamentvolle oder etwas nervöse Hunde könnten dadurch in Hektik verfallen und die Übung zu schnell beenden wollen, um an ihre Belohnung zu kommen.

Schritt 4

Haben Sie die Übung auf diesem Niveau oft genug wiederholt, darf Hörzeichen **ROLL DICH** eingeführt und mit der Drehbewegung des Hundes verknüpft werden. Mit zunehmender Sicherheit können Sie versuchen, **ROLL DICH** einzufordern. Es wird nun immer unnötiger werden, dem Hund den kompletten Weg mit Leckerchen in der Hand „vorzuzeichnen", doch sollten Sie die Bewegung Ihrer Hand für das Sichtzeichen aufgreifen: Geben Sie Hörzeichen **ROLL DICH** mit einer deutlichen Drehbewegung der Hand.

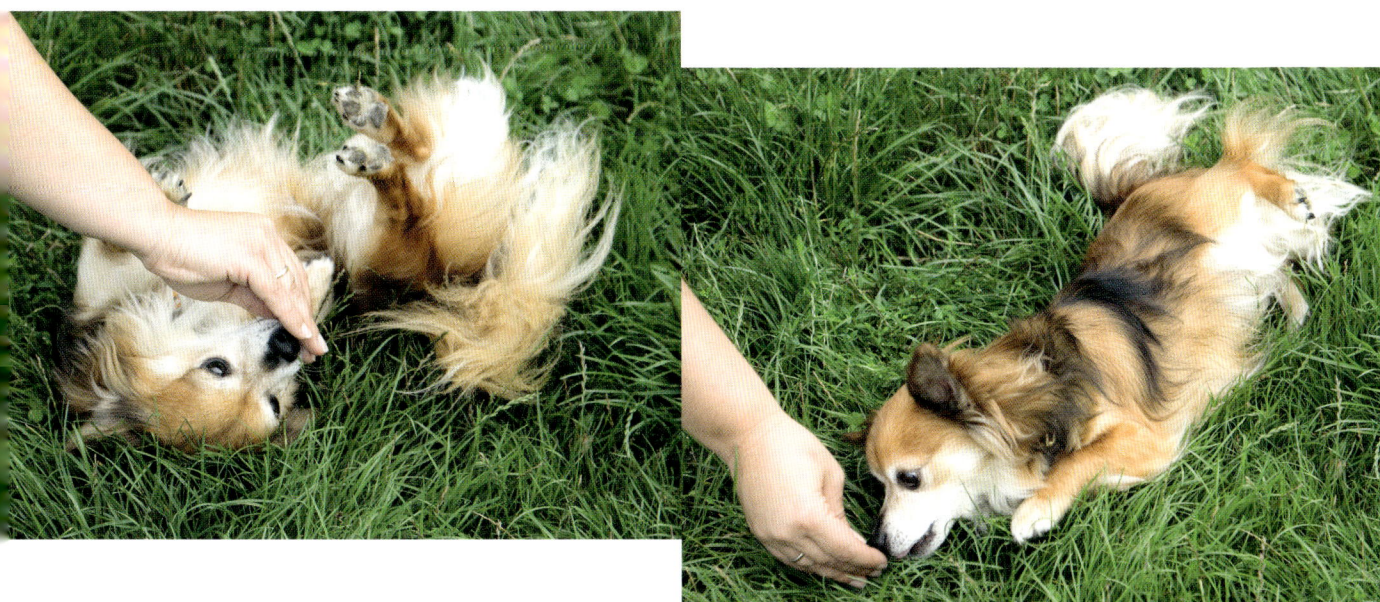

Klappt es schon so gut, kann man jetzt ein Hör- und/oder Sichtzeichen voranstellen.

ROLL DICH auf Distanz, nach links oder nach rechts

So wird's gemacht Stellen Sie sich in direkter Nähe vor dem Hund auf, geben Hörzeichen **ROLL DICH** und das bekannte Sichtzeichen möglichst deutlich. Belohnung nicht vergessen! Erhöhen Sie dann die Entfernung zum Hund langsam und schrittchenweise immer erst dann, wenn die vorherige Distanz problemlos etabliert ist. Mitunter kann es sehr schnell gehen, bis die Übung auf etwa ein bis zwei Meter reibungslos funktioniert. Noch größere Entfernungen einzuüben, gestaltet sich schon schwieriger und ist leichter mit Hunden zu realisieren, die auch ein **PLATZ** und **BLEIB** auf Distanz beherrschen. Gehen Sie weiterhin kleinschrittig vor und achten darauf, dass **ROLL DICH** auf Enfernung immer noch lustvoll und vor allem erfolgreich bleibt. Wie groß die Entfernung im Endeffekt werden soll, entscheiden Sie ganz nach Spaßfaktor für sich und den Hund. Haben Sie bislang eventuell **ROLL DICH** in eine bestimmte Richtung geübt, können Sie nun **ROLL DICH NACH LINKS**, **ROLL DICH NACH RECHTS** trainieren. Dabei sollten die ersten Durchgänge wieder beim Hund am Boden hockend vorgenommen werden. Führen Sie die Bewegung Ihrer Hand oder des Targetsticks nun einfach in die andere, als die bekannte Richtung aus. Unterstützen Sie die Drehungen im weiteren Verlauf in beide Richtungen mit dem Zusatz nach links/nach rechts und einem deutlichen Sichtzeichen. Wer mag, kann die Rolle nach links oder rechts noch auf Distanz trainieren, ratsam ist dabei, mit dem Entfernungstraining zu beginnen, wenn der Hund Rolle rechts, Rolle links in unmittelbarer Nähe des Menschen gut beherrscht.

SCHÄM DICH

Bei **SCHÄM DICH** lernt der Hund, sich die Pfote auf die Nase zu halten, sodass es – aus menschlicher Warte – so aussieht als sei er verlegen.

So wird's gemacht
Schritt 1

Nehmen Sie eine längere, dicke Schnur oder ein Seil zur Hand. Machen Sie in das eine Ende eine Schlaufe, die in etwa dem doppelten Umfang der Hundeschnauze entspricht. Nehmen Sie Leckerchen (und Clicker) zur Hand, um den Hund in Arbeitserwartungshaltung zu versetzen. Sobald der Hund Blickkontakt aufnimmt, legen Sie ihm die Schlaufe über die Schnauze. Berührt er mit der Pfote nun die Schnauze, um die Schlaufe loszuwerden, verstärken Sie mit **GUT**/**CLICK** und Leckerli. Es ist nicht wichtig, dass es dem Hund gelingt, die Schnur abzustreifen. Einfangen und belohnen wollen wir schließlich die Berührung der Pfote mit der Nase. Doch selbstverständlich macht es nichts, wenn der Hund so zielsicher mit der Pfote vorgeht, dass die Schlaufe abfällt. Bauen Sie die Übung dann erneut auf. Verbinden Sie die Bewegung der Pfote mit dem Hörsignal **SCHÄM DICH** und üben dies über einen gewissen Zeitraum mehrmals täglich.

Schritt 2

Haben Sie regelmäßig ein paar Mal am Tag über einen Zeitraum von etwa zwei bis drei Wochen geübt, können Sie versuchen, **SCHÄM DICH** ohne Hilfe der Schlaufe einzufordern. Denken Sie daran, einen Jackpot griffbereit zu haben, wenn es das erste Mal klappt!

Clicken Sie jede Bewegung mit der Pfote in Richtung Schnauze!

Danach können Sie ausprobieren, in welcher Stellung, ob liegend, ob sitzend, der Hund seine Pfote auch einmal etwas länger an die Nase hält (zwei Sekunden sind für den Anfang ausreichend). Versuchen Sie dann schrittweise die Zeitdauer zu erhöhen, bevor verstärkt und belohnt wird.

Sie werden bei dieser Übung ungeheuer davon profitieren, dass der Hund unter Umständen bereits Einiges mit stets korrekter Verstärkung und attraktiver Belohnung gelernt hat und längst weiß, dass immer ein ganz bestimmtes Verhalten erwartet und belohnt wird. Das lässt ihn nun viel schneller erkennen, mit welcher Verhaltensweise er zum Ziel kommt. Übungen wie **SCHÄM DICH** sind daher gut geeignet, um festzustellen, wie fix der Hund mittlerweile Neues lernt.

Beinslalom

Beim Beinslalom läuft der Hund durch die Beine des Menschen, während dieser vorwärtsgeht. Diese kleine, tänzerisch anmutende Übung fördert auf einfache Weise Konzentration und Geduld, denn der Hund muss sich in der Geschwindigkeit an seinen langsameren Menschen anpassen.

Voraussetzungen und Hilfsmittel

Sie benötigen kleine Leckerlis oder das Lieblingsspielzeug Ihres Hundes. Wer mit Clicker arbeitet, verstärkt die ersten richtigen Schritte anstatt mit **GUT** wie gewohnt mit **CLICK**. Der Hund soll von seiner Größe her bequem durch Ihre Beine laufen können.

So wird's gemacht
Schritt 1

Starten Sie mit dem Hund an Ihrer linken oder rechten Seite. Optimalerweise sollte er sich auf gleicher Höhe wie Sie im Sitz befinden. Machen Sie dann einen großen Schritt mit nur einem Bein nach vorn, sodass ein Tunnel entsteht. Animieren Sie den Hund mit seinem Spielzeug oder einem Leckerchen in der Hand durch Ihre Beine auf die andere Seite zu laufen. Schüchterne Hunde haben hier mitunter etwas Hemmungen und benötigen ausreichend aufmunternde Worte. Ist der Hund auf der anderen Seite angekommen, folgen **CLICK/GUT** und Belohnung. Haben Sie ein sehr temperamentvolles Tier, kann es helfen vor dem zweiten Durchgang Hörzeichen **SITZ** zu geben, um mehr Ruhe in die Übung zu bringen. Machen Sie dann mit dem anderen Bein wieder einen großen Schritt nach vorn, locken den Hund erneut hindurch, verstärken und belohnen. Klappt dies gut, kann versucht werden, zwei oder drei große Schritte am Stück zu gehen, den Hund ohne Unterbrechung durch die Beine zu locken und am Ende der kleinen Strecke zu belohnen.

Schritt 2

Läuft der Hund flüssig durch Ihre Beine, kann die Anzahl der Schritte erhöht werden. Beginnen Sie und Ihr Hund in der ersten Lernphase jeden neuen Durchgang immer auf derselben Seite. So machen Sie ihm das Lernen leichter. Beherrscht er die Übung gut, kann Beinslalom auch von der anderen Seite aus geübt werden.

Schritt 3

Hat der Hund verstanden, dass er durch die Beine laufen soll, kann ein Hörzeichen, wie zum Beispiel **WEAVE** eingeführt werden. Fordern Sie damit nicht zu Beginn zum Slalomlaufen auf, sondern unterstützen lediglich die entsprechenden Bewegungen des Hundes mit dem neuen Wort. Gehen Sie nach wie vor ruhig übertrieben große Schritte, um eventuell noch vorhandene Hemmungen zu minimieren. Mit zunehmender Sicherheit und nach einiger Übung können die Schritte verkleinert und das Signal **WEAVE** zur Aufforderung gegeben werden. Am Ende einer jeden Übungseinheit Belohnung nicht vergessen! Da der Beinslalom vom Hund einiges an Geschwindigkeitskontrolle verlangt, tut ein kurzes Rennspiel nun besonders gut. Alternativ können auch Leckerchen geworfen werden, denen der Hund nun nachspringen darf.

Alternativ zum Locken mit Futter oder Spielzeug könnte man auch mit einem Handtarget arbeiten. Hier klappt es schon ohne Hilfe.

Spanischer Schritt

Ebenfalls tänzerischen Charakter hat der sogenannte Spanische Schritt. Hier hebt der Hund beim langsamen Vorwärtslaufen die Vorderbeine abwechselnd hoch, ganz so wie im Reitsport. Der Spanische Schritt fördert Geduld und koordinatorische Fähigkeiten.

Voraussetzungen und Hilfsmittel

Der Hund kann bereits Pfote geben, ganz gleich, ob auf Hörsignal **WINKEN** (siehe Seite 107) oder schlicht auf **PFÖTCHEN**. Nehmen Sie ausreichend Leckerchen zur Hand. Wer **TOUCH** mit blauem Fleck schon bis zum „Fliegenklatschenniveau" (siehe Seite 106) geübt hat, kann die Klatsche als Hilfsmittel verwenden.

So wird's gemacht

Schritt 1: Pfotenheben links und rechts

Zunächst soll der Hund lernen, auf Signal sowohl rechts als auch links Pfote zu geben oder zu winken. Üben Sie also zunächst das **WINKEN** oder **PFÖTCHEN** für beide Beine. Kennt der Hund dies bislang nur für eine Seite, springen Sie innerhalb einer Übungseinheit zu Anfang besser nicht ständig von links nach rechts, sondern üben erst einmal die „schwache" Seite. Geben Sie das bekannte Hörzeichen, deuten dabei auf die noch „ungeübte" Pfote und ignorieren Fehlversuche hartnäckig. So gut wie alle Hunde werden nach einiger Zeit die andere Pfote heben, denn dies ist die naheliegendste Strategie, um an eine Belohnung zu kommen. Ganz gleich, wie zaghaft und andeutungsweise der erste Versuch sein mag: **GUT/CLICK** und Belohnung folgen in jedem Fall! (Wer mit Fliegenklatsche und blauem Fleck darauf trainiert, hält dem Hund diese einfach vor die gewünschte Pfote). Üben Sie nun das Pfotenheben auf beiden Seiten fleißig!

Jetzt kann der Targetstab immer weiter verkürzt werden, sodass die Hilfe nach und nach abgebaut wird.

**Schritt 2:
Pfotenheben
aus dem Stehen**

Hebt der Hund auf entsprechendes Deuten und Wortsignal zuverlässig die jeweilige Pfote, gilt es, das Pfotenheben mit dem stehenden Tier zu üben. Stellen Sie sich mit Leckerchen und ggf. Clicker vor den Hund. Sobald Sie seine Aufmerksamkeit haben, gehen Sie einen kleinen Schritt rückwärts, um ihn, sofern er sitzt, zum Aufstehen zu bewegen. (Steht Ihr Hund ohnehin, können Sie diesen Schritt einfach überspringen!) Achten Sie dabei auf Ihre Körpersprache und beugen sich nicht über den Hund. Das würde ihn wahrscheinlich veranlassen, sich erneut zu setzen. Steht er, geben Sie das Hörzeichen und deuten auf die gewünschte Pfote. Verstärken und belohnen Sie in dieser Phase nur das Heben der Pfote aus dem Stehen heraus. Auf jedes Setzen reagieren Sie erneut mit einem Schritt vom Hund weg. Pfotegeben ist mitunter eines der ersten Dinge, die der Mensch dem Hund zielgerichtet beibringt und viele zeigen dies sogar ganz von allein. Dabei allerdings sitzen Hunde in der Regel, um das Gleichgewicht besser halten zu können. Der Hund muss unter Umständen lange Eingeübtes umlernen und das kann durchaus etwas Zeit in Anspruch nehmen. Verzagen Sie also nicht! Wer mit Fliegenklatsche und **TOUCH** arbeitet, sollte vor dem Übergang zum dritten Schritt trainieren, dass der Hund die gewünschte Pfote ganz ohne Hilfsmittel nur auf Hörsignal und Deuten hebt. Dazu beide Seiten erst ohne Hörzeichen üben, dann Hörzeichen einführen und einüben und schließlich zunächst mit, dann ohne Fliegenklatsche trainieren.

**Schritt 3:
Position
verändern**

Hebt der Hund im Stehen und auf Deuten zuverlässig die richtige Pfote, ist es Zeit für die nächste Herausforderung. Üben Sie das Pfotenheben jetzt mit entsprechendem Wort- und Sichtsignal nicht mehr vor dem Hund, sondern seitlich von ihm stehend. Gehen Sie langsam vor, positionieren Sie sich zu Beginn nur leicht seitlich, schließlich immer mehr, bis es auch neben dem Hund stehend klappt. Achten Sie ab jetzt sorgfältig darauf, stets mit derselben Hand zum selben Hundebein zu deuten.

**Schritt 4:
Hoch das Bein
und Teamtanz!**

Nun können Sie als zusätzliches Sicht-Signal für den Hund Ihr eigenes Bein anheben. Verwenden Sie für eine Weile noch die bekannten Wort- und Sichtsignale und nehmen gleichzeitig dazu Ihr Bein etwas hoch. Sobald der Hund das „Beinsignal" mit seiner Bewegung verknüpft hat, können Sie die anderen Zeichen ein- bzw. zurückstellen und das gemeinsame Laufen im Spanischen Schritt üben. Übrigens: Spanischer Schritt und Beinslalom können sehr schön zu einer kleinen Tanzeinlage kombiniert werden!

Balancieren auf dem Ball

Voraussetzungen und Hilfsmittel

Diese Übung eignet sich gut für Draufgänger oder selbstbewusste, unerschütterliche Hunde von kleiner bis maximal mittlerer Körpergröße. Für unsichere und nervöse Tiere ist sie nicht geeignet. Gefördert werden Konzentration und Gleichgewichtssinn. Benötigt werden ein in der Größe angepasster, gut aufgepumpter Ball. Am besten eignen sich Sitzbälle für Erwachsene.

So wird's gemacht

Schritt 1: Den Ball berühren

Klemmen Sie den Ball so fest, dass er nicht wegrollen kann. Dazu können Sie eine Hilfsperson bitten, den Ball festzuhalten oder ihn zwischen schwere Möbel einklemmen, damit er fest fixiert ist. Nehmen Sie ein besonders gutes Leckerchen zur Hand und halten dies so auf Ballhöhe, dass der Hund sich deutlich zum Ball strecken muss, um das Leckerli zu bekommen. Optimalerweise sollte er den Ball dazu berühren. Dabei ist es zunächst ganz gleich, ob das mit der Pfote, der Schnauze oder dem Hals passiert. Die erste Berührung wird sofort verstärkt (**CLICK**/**GUT**) und belohnt. Üben Sie auf dieser Stufe eine Weile, bis der Hund für das Leckerchen ohne Unsicherheiten Körperkontakt zu dem stets fixierten Ball aufnimmt. Dann steigern Sie die Schwierigkeit und halten den Belohnungshappen so, dass der Hund auf jeden Fall mit mindestens einer Vorderpfote auf den Ball steigen muss, um zum Erfolg zu kommen. Verstärken und belohnen nicht vergessen!

Zu Beginn unbedingt den Ball festhalten, damit der Hund keine Angst bekommt.

**Schritt 2:
Stehen auf dem
fixierten Ball**

Berührt der Hund ohne jede Unsicherheit mit beiden Vorderpfoten den Ball, ist es Zeit für die nächste Stufe. Nun soll er ganz auf den Ball steigen, um sich dort sein Leckerchen abzuholen. Der Ball muss unbedingt noch fixiert sein, damit der Hund nicht durch plötzliche Bewegungen erschrickt. Animieren Sie ihn nun ganz auf den Ball zu springen und warten mit der Leckerchengabe unbedingt, bis der Hund einen festen, sicheren Stand hat. Dabei darf er zu Beginn ruhig mit der Hand abgestützt werden. Danach gilt es, die Verweildauer auf dem Ball leicht zu erhöhen und nach der Aufforderung auf den Ball zu springen, wenige Sekunden zu warten, bis die Belohnung erfolgt. Bitte achten Sie darauf, dass der Hund im Moment der Belohnung immer ruhig und möglichst geduldig auf dem Ball steht, damit nicht versehentlich hektisches Verhalten verstärkt wird. Zu diesem Zeitpunkt können Sie Hörzeichen für diese Übung einführen, wie zum Beispiel **HOPPA BALL** fürs Hochspringen, **STAY** für das Obenbleiben und erneut **HOPPA** für das Runterspringen.

**Schritt 3:
Den Ball bewegen**

Ist die vorherige Hürde genommen und der Hund steht sicher einige Sekunden auf dem fixierten Ball, darf ganz leicht am Ball gewackelt werden. Dazu klemmen Sie den Ball zwischen Ihren Knien und einem Möbel ein oder lassen ihn von einer Hilfsperson festhalten. Animieren Sie den Hund, auf den Ball zu springen, geben zunächst kein Leckerchen, sondern warten, bis der Hund ruhig steht und wackeln dann ganz sacht am Ball. Am besten trägt der Hund dabei ein Brustgeschirr. Damit kann er, sofern nötig, sicher festgehalten werden. Stellen Sie die ungewohnte Bewegung wieder ein, belohnen den Hund noch auf dem Ball und geben Hörzeichen **HOPPA**. Diese Phase kann und wird sicher einige Zeit in Anspruch nehmen. Das leichte Wackeln am Ball darf nur in dem Maße erhöht werden, wie der Hund sich noch sicher fühlt.

**Schritt 4:
Den Ball rollen**

Dieser Schritt ist sehr anspruchsvoll und muss keineswegs in jedem Fall angestrebt werden. Aber vielleicht hat Ihr Hund ja so viel Gefallen an dieser spielerischen Übung gefunden, dass Sie auch diese Hürde noch gemeinsam nehmen möchten! Ist Schritt 3 in vollem Umfang erreicht, halten Sie den Ball nur noch auf einer Seite mit Knien und Händen fest und fordern den Hund auf, hochzuspringen. Rollen Sie den Ball dann ganz sachte nach vorn. Eine Hilfsperson kann den Hund, falls erforderlich, von der anderen Seite leicht abstützen. Gehen Sie langsam vor und steigern behutsam: Ein paar Zentimeter reichen fürs Erste! Belohnen Sie Ihren Hund erst, wenn Ball und Hund wieder ruhig stehen und geben dann Hörzeichen **HOPPA**.

Sollte, was nicht unwahrscheinlich ist, der Hund bei dieser Übung zwischendrin vom Ball runterspringen, ist das kein Grund zur Hektik. Wiederholen Sie den entsprechenden Schritt noch einmal ganz in Ruhe und machen es dem Hund beim nächsten Mal etwas leichter, indem Sie den Ball erneut ruhiger halten oder fester fixieren. So gewinnt Ihr Hund wieder Sicherheit und kann die Einheit mit einem erfolgreichen Durchgang beenden. Wie bei allen anderen Übungen und Tricks auch gehen Sie, falls nötig, ruhig jederzeit wieder einen oder auch mehrere Schritte zurück.

Bewegen Sie den Ball anfangs nur einige Zentimeter, bis Ihr Hund das Prinzip verstanden hat.

Leckerchen flieg!

Hier lernt der Hund, ein Leckerchen, das auf seiner Nase liegt, in die Luft zu schleudern und aufzufangen.

Voraussetzungen Diese Übung eignet sich für geduldigere Hunde, die schon eine gute Grunderziehung und vor allem ein solides Vertrauensverhältnis zum Menschen haben. Dieser Trick fördert Geduld, Ausdauer, koordinatorische Fähigkeiten und Geschicklichkeit. Er eignet sich auch gut für ältere Hunde. Verwenden Sie zunächst stets dieselben Leckerchen, denn je nach Form, ist die „Flugbahn" eine andere. Gut sind runde Leckerli, die nur so groß sein dürfen, dass sie auf dem Nasenrücken platziert werden können. Optimalerweise beherrscht Ihr Hund schon **SITZ** und **BLEIB**. So kann mehr Ruhe in die Übung gebracht werden.

So wird's gemacht
Schritt 1
Umfassen Sie den Kopf des Hundes sanft von unten und streicheln ihn mit der anderen Hand unter möglichst freundlichen Worten von oben. Legen Sie dem sitzenden Hund dann ein Leckerchen auf die Nase, geben Hörzeichen **HOL'S** o. Ä. und lassen seinen Kopf los. Die wenigsten Hunde schnappen bereits bei den ersten Versuchen das Leckerli aus der Luft, worauf es auch noch gar nicht ankommt. Die Geschicklichkeit kommt mit dem Training ganz von selbst! Lassen Sie ihn also das Leckerli da aufheben, wo es hinfällt, warten einen Moment ab und bauen den Trick erneut auf: Hund im Sitz, Kopf sanft halten, Leckerli auf Nasenrücken und Hörzeichen **HOL'S**.

Schritt 2 Steigern Sie dann die Zeitspanne, in der das Leckerli auf der Hundenase liegen soll, auf wenige Sekunden. Halten Sie dazu den Kopf einfach noch ein wenig länger fest, nachdem Sie den Happen auf die Hundenase gelegt haben. Sagen Sie **HOL'S** und nehmen gleichzeitig Ihre Hand weg. Zwei bis drei Sekunden sind zu Beginn genug. Klappt dies, steigern Sie auf vier, fünf und sechs Sekunden.

Schritt 3 Wartet der Hund immer geduldiger auf das Hörzeichen, wenn Sie seinen Kopf halten, kann der nächste Schritt gewagt werden: Nehmen Sie Ihre Hand nun vorsichtig vom Kopf weg, während das Leckeril noch kurz auf der Nase liegt, bevor **HOL'S** erfolgt. Das Ziel ist, dass der Kopf nicht mehr gehalten werden muss und der Hund einige Sekunden frei sitzend auf das Signal wartet.

Dieses Spiel ist nichts für unruhige Kandidaten.

TOTER HUND

Der Hund legt sich auf Hörzeichen **TOTER HUND** auf die Seite und bleibt bis zum Freizeichen (z. B. **AUFWACHEN**) liegen.

Voraussetzungen   Diese Übung eignet sich prinzipiell für alle Hunde. Allerdings sollten zuvor schon einige andere kleine Tricks und Übungen mit dem Hund trainiert worden sein, damit er das Prinzip „**GUT**/**CLICK** = **RICHTIG** plus Belohnung" verinnerlicht hat. So wird er leichter lernen. Von Vorteil ist es auch, wenn der Hund **ROLL DICH** (siehe Seite 66) beherrscht.

Diesen Trick trainiert man zu Beginn am besten mit einem entspannten und leicht müden Hund.

Lernweg 1   Geeignet für alle Hunde mit geduldigen Menschen.

Schritt 1   Bewaffnen Sie sich vom Hund unbemerkt mit Leckerchen und ggf. mit dem Clicker. Beobachten Sie ihn während seiner bekannten Ruhezeiten möglichst unauffällig. So gut wie alle Hunde legen sich zu einem bestimmten Zeitpunkt des Tages zum Ruhen einmal auf die Seite. In genau diesem Moment verstärken Sie mit **GUT**/**CLICK** und Leckerchen. Erhebt sich Ihr Hund, können Sie noch ganz unverbindlich das Wortsignal **AUFWACHEN** geben. Wiederholen Sie dies über mehrere Tage möglichst oft. Erwarten Sie bei dieser Methode nicht, dass sich der Hund nach dem ersten **GUT**/**CLICK** direkt noch ein zweites Mal hinlegt. Um sich auf die Seite zu legen, muss ein Hund entspannt sein. Die bekannte Verstärkung aber versetzt ihn in Arbeitserwartungshaltung und diese erlaubt es ihm nicht, sich entspannt auf die Seite zu legen! Dieser Lernweg wird also etwas Zeit in Anspruch nehmen. Haben Sie das seitliche

Hinlegen so einige Wochen regelmäßig mindestens einmal täglich
verstärkt, können Sie zur Verknüpfung das Hörzeichen **TOTER
HUND** dazusagen, wenn sich der Hund auf die Seite legt. Üben Sie
in diesem Stadium, so oft es Ihre Zeit gestattet und Ihr Hund die
seitliche Ablage anbietet: Hund legt sich auf die Seite, Hörzeichen
TOTER HUND, Verstärkungssignal **GUT**/**CLICK** und Leckerchen. Nach einer Weile fleißigen Übens können Sie ausprobieren,
TOTER HUND einzufordern (natürlich ohne Ablenkung im stil-
len Kämmerlein!). Klappt es, wunderbar, geht's weiter zu Schritt 2.
Falls nicht, ist das kein Grund
für graue Haare. Üben Sie einfach noch ein Weilchen weiter.

Lernweg 2   Geeignet für kooperative Hunde und solche, die Hörsignal **PLATZ**
sowie **ROLL DICH** gut beherrschen.

Schritt 1   Auch hier sollten Sie zunächst für ein paar Tage das zufällige Hinlegen des Hundes wie oben beschrieben verstärken und belohnen.
Im nächsten Schritt geben Sie dem Hund das Hörzeichen **PLATZ**.
Rollen Sie ihn nun mit der Hand sanft in die gewünschte Position
– Hunde, die in der Übung **ROLL DICH** schon gelernt haben,
dass man beim Spielen mit dem Menschen auch liegend vertrau-
ensvoll alle möglichen Haltungen einnehmen kann, werden mit
dieser leichten, körperlichen Nachhilfe kein Problem haben. Sobald
der Hund für einen kleinen Moment auf der Seite liegt, folgen
erneut **GUT**/**CLICK** und Leckerli. Wiederholen Sie dies mehrmals
hintereinander.

Achten Sie bei der Körperhilfe darauf, dass Sie Ihren Hund förmlich ins Liegen streicheln und keinen Druck ausüben! Nach einigen Tagen können Sie, zunächst nur zur Verknüpfung, das Hörzeichen **TOTER HUND** einführen, sobald der Hund auf der Seite liegt und **AUFWACHEN**, wenn er aufsteht. Versuchen Sie nun, die körperliche Einwirkung immer schwächer werden zu lassen, bis Sie den Hund nur noch ganz leicht berühren müssen. Üben Sie dies fleißig: Leichte Einwirkung und Hörzeichen **TOTER HUND**, sobald der Hund auf der Seite liegt. Probieren Sie schließlich, das Hörzeichen ganz ohne Berührung, doch nahe beim Hund stehend oder hockend, einzufordern. Klappt dies, kann der nächste Trainigsschritt in Angriff genommen werden.

Schritt 2 für beide Lernwege

Ihr Hund legt sich auf Hörzeichen **TOTER HUND** kurz auf die Seite. Nun soll die Zeit der Ablage etwas ausgedehnt und außerdem ein zusätzliches Sichzeichen eingeführt werden.
Geben Sie Hörsignal **TOTER HUND** und zählen nun lautlos bis zwei, bevor Sie verstärken und belohnen. Zögern Sie im Laufe der Übungen Verstärkung und Belohnung schließlich noch weiter hinaus. Orientieren Sie sich dabei an der Geduld des Hundes. Liegt er zuverlässig etwa drei Sekunden auf der Seite, kann noch eine weitere Sekunde bis zum **GUT**/**CLICK** gewartet werden. In diesem Stadium können Sie dem Hörzeichen ein Sichtzeichen hinzufügen, wie beispielsweise die zur Pistole gespreizte Hand. Üben Sie so in unmittelbarer Nähe des Hundes, bis er auch auf das Sichtsignal reagiert und ein paar Sekunden geduldig auf der Seite liegt.

Schritt 3 Belohnung fürs Aufwachen

Nun kann die Übung noch etwas runder gestaltet werden. Wartet Ihr Hund bereits vier bis fünf Sekunden als „toter Hund" auf der Seite liegend, sagen Sie nun direkt nach dem Verstärkungssignal **GUT**/**CLICK** das Hörzeichen **AUFWACHEN** und belohnen. Üben Sie dies mehrmals in der Woche. Nach einiger Zeit wird so das bloße **AUFWACHEN** für den Hund alleiniges Signal dafür, dass sein Verhalten richtig war und nun die verdiente Belohnung folgt. Wer mag, kann noch trainieren, die Distanz zum Hund zu erhöhen. Dabei „erschießen" Sie den Hund zunächst aus gewohnter Entfernung, erhöhen diese um einen, dann um zwei Schritte usw. Ebenso kann **TOTER HUND** jetzt aus verschiedenen Positionen, wie dem **SITZ** oder dem **STEH** heraus geübt werden. Für ganz Eifrige bietet sich die Variante aus dem „Laufen neben dem Menschen" heraus an. Dabei unbedingt auf einen weichen Untergrund, am besten Gras, achten und in langsamem Tempo beginnen!

ZIEH

Lernziel
Beim Ziehen lernt der Hund, an einem Strick zu ziehen, um einen anderen Gegenstand in Bewegung zu setzen.

Voraussetzungen
Keine, außer den obligatorischen Leckerlis und Geduld. **ZIEH** ist eine wunderbare Übung, die von den meisten Hunden sehr gern gelernt wird. Hat der Hund das Prinzip einmal begriffen, kann mit **ZIEH** ganz Ungeahntes aufgebaut werden. Ein Versuch lohnt also unbedingt. **ZIEH** fördert die grauen Zellen und erhöht vor allem bei schüchternen Hunden das Selbstvertrauen. Auch hier gibt es mehrere Wege zum Ziel, zwei möchten wir vorstellen.

Lernweg 1
Schritt 1
Der Hund soll lernen an einem Strick, der ihm vor die Nase gehalten wird, zu ziehen. Dieser muss aus möglichst angenehmem Material sein. Halten Sie Ihrem Hund den Strick vor den Fang. Ihre Körperhaltung und die bereitgestellten Belohnungshäppchen signalisieren, dass es wieder etwas Neues zu lernen gibt. Verstärken und belohnen Sie zu Beginn die bloße Berührung mit der Nase. Als Nächstes soll er leicht hineinbeißen, bevor **GUT**/**CLICK** und Leckerchen erfolgen.

Wählen Sie Material, das Ihr Hund gern ins Maul nimmt.

Sehr vorsichtige Hunde lassen sich manchmal durch ein weiches Tuch besser locken als durch einen (harten) Strick. Lassen Sie nun den Strick (oder das Tuch) vor dem Hund baumeln oder ziehen Sie ihn schlängelnd vom Hund weg. Doch Vorsicht: Vor allem bei Hunden, die Ziehspiele kennen und lieben, nicht zu heftig vorgehen! Dann ist gutes Timing gefragt. Verstärken Sie zu Beginn sofort, wenn Ihr Hund den Strick ins Maul nimmt! Als Nächstes sollte er leicht am Strick ziehen. Zögern Sie dazu **GUT**/**CLICK** einen Moment länger hinaus. Hat der Hund dies verstanden, führen Sie ein Hörsignal ein (z. B. **ZIEH**, **PULL** o. Ä.). Achten Sie bei temperamentvollen Genossen darauf, dass sich der Hund nicht zu stark in die Übung hineinsteigert und belohnen in erster Linie leichtes Ziehen. Ist dies erreicht, können Sie zu Schritt 2 übergehen.

Lernweg 2

Viele, aber keineswegs alle Hunde lassen sich durch einen baumelnden Strick zum Hineinbeißen animieren. Einige benötigen einen weiteren Stimulus, wie ihr Lieblingsspielzeug. Sollten Sie also mit dem ersten Lernweg keinen Erfolg haben, können Sie folgenden Weg einschlagen. Dazu wird der Hund erst einmal – am besten mit Brustgeschirr – angebunden. Befestigen Sie nun einen Strick an dem Spielzeug. Der Hund sollte zwar an den Strick, aber nicht an das Spielzeug selbst kommen können. Machen Sie ihn unter großem Hallo darauf aufmerksam. Legen Sie den Strick so, dass der Hund schnell zum Erfolg kommt, damit sich keine unerwünschten Strategien wie Bellen, Heulen oder Jaulen etablieren. Nun muss das Timing stimmen, denn verstärkt werden soll das Aufnehmen des Stricks mit der Schnauze. Sobald also der Hund Schnauze und Zähne einsetzt, um den Ball heranzuziehen, verstärken Sie unmittelbar mit **GUT**/**CLICK** und geben ein Leckerchen. Selbstverständlich darf er dann auch sein Spielzeug haben, doch die vorherige Verstärkung und Belohnung sollte nicht fehlen! Fasst der Hund den Strick immer zielgerichteter, um ihn heranzuziehen, können Sie ein Hörzeichen (siehe Lernweg 1) einführen. Damit im nächsten Schritt das Ziehen weiter verstärkt werden kann, halten Sie dann das Spielzeug fest und legen die Schnur in Richtung Hund. Greift er sie, geben Sie das Hörzeichen, lassen ihn wenige Sekunden ziehen, verstärken und belohnen weiterhin mit Leckerchen. Üben Sie dies einige Zeit, stets mit Hörzeichen und einer Extra-Belohnung für das Ziehen. Um zu testen, ob der Hund **ZIEH** schon ausreichend verknüpft hat, versuchen Sie es dann nur mit (demselben!) Strick ohne daran gebundenes Spielzeug. Haben Sie damit Erfolg, ist es Zeit für Schritt 2.

Für beide Lern-
wege

Reagiert der Hund auf Hörzeichen **ZIEH** o. Ä., indem er den Strick umfasst und so lange daran zieht, bis **GUT**/**CLICK** und Belohnung folgen, kann er lernen, mithilfe des Stricks einen anderen Gegenstand zu bewegen. Da die Übertragung beim Lernen nicht immer leicht fällt, muss mit demselben Strick wie zuvor geübt werden. Zunächst sollte, insbesondere für sensiblere und lärmempfindliche Hunde, unbedingt ein Gegenstand gewählt werden, der möglichst wenig Krach macht und nicht umfallen kann. Empfehlenswert ist hier zum Beispiel ein Buch, das mit der Schnur umwickelt und auf den Boden gelegt wird. Animieren Sie den Hund mit Hörzeichen zum Ziehen. Wundern Sie sich nicht, wenn Ihr Hund sich plötzlich ungewohnt zögerlich verhält. Verstärken Sie, falls nötig, ruhig zunächst ganz wie zu Beginn erneut Ansätze des gewünschten Verhaltens und schrauben die Anforderungen schrittweise höher: Hund berührt Schnur mit Schauze: **GUT**/**CLICK** und Leckerchen, Hund greift Schnur mit der Schnauze: **GUT**/**CLICK** und Leckerchen, Hund zieht an Schnur: **GUT**/**CLICK** und Leckerchen. Erhöhen Sie im Laufe der Übungseinheiten dann stufenweise die „Ziehstrecke", bevor verstärkt und belohnt wird. Gewinnt Ihr Hund dadurch immer mehr Sicherheit, können Sie das Spiel auf weitere Gegenstände ausdehnen. Wer einen selbstsicheren, schwer zu erschreckenden Hund hat, kann Schritt 2 überspringen und gleich mit anderen Gegenständen trainieren (siehe **ZIEHEN** für Fortgeschrittene Seite 84).

ZIEHEN für Fortgeschrittene. Wenn der Hund das Prinzip verstanden hat, sind Ihrer Fantasie keine Grenzen gesetzt.

ZIEHEN für Fortgeschrittene

Tür auf – Tür zu

So wird's gemacht

Binden Sie den (bekannten) Strick an der Klinke der geöffneten Tür fest. Machen Sie den Hund mit dem bislang verwendeten Wortsignal auf die Schnur aufmerksam. Erneut kann es eine Weile dauern, bis der Hund eine Übertragung des Gelernten vornimmt. Je nachdem, wie zögernd er sich verhält, benötigt er Ihre Unterstützung und eventuell wieder eine Verstärkung leichter Ansätze. Nur wenige Hunde werden beim ersten Versuch zielgerichtet den Strick aufnehmen und solange daran ziehen, bis sich die Tür schließt. Bei den meisten wird ein schrittweiser Aufbau der Weg zum Erfolg sein: Der Hund nähert sich der Schnur, berührt diese aber nur: **GUT/CLICK** und Leckerchen. Der Hund greift die Schnur mit den Zähnen: **GUT/CLICK** und Leckerchen. Der Hund zieht lediglich leicht an der Schnur: **GUT/CLICK** und Leckerchen. Der Hund zieht an der Schnur, bis die Tür ins Schloss fällt: **GUT/CLICK** und Leckerchen. Hier benötigt Mensch in jeder Phase ein gutes Auge, damit der Hund ihn verstehen kann: Verstärken Sie nicht, wenn Ihr Hund die Schnur gerade loslässt, sondern wenn er sie festhält!

Auf dieselbe Weise können Sie üben, eine angelehnte Tür weiter zu öffnen. Befestigen Sie die Schnur an der Klinke und animieren den Hund, daran zu ziehen. Schließt oder öffnet er Türen mithilfe des Stricks zuverlässig, kann ein Hörzeichen, wie **TÜR AUF – TÜR ZU** eingeführt werden. Verbinden Sie das neue Hörsignal beim Üben für eine Weile mit dem altbekannten **ZIEH**. Bald werden Sie auf **ZIEH** verzichten können.

Schubladen öffnen leicht gemacht. Doch Vorsicht! Überlegen Sie sich gut, ob Ihr Hund wirklich in der Küche „arbeiten" darf.

Vorsicht Falle!

Für „**TÜR AUF – TÜR ZU**" muss der verwendete Strick unbedingt lang genug sein, damit der Hund die Tür öffnen und schließen kann, ohne von ihr berührt zu werden. Ist der bislang verwendete zu kurz, nehmen Sie einen aus demselben Material und
machen ggf. mit diesem noch einige Zieh-Durchgänge auf Schritt-
1-Niveau.

Der Strick sollte
beim TÜR AUF lang
genug sein.

**Schubladen
öffnen**

Erinnern Sie sich noch an den pfiffigen Leonberger vom Anfang
des Buches, der auf so eindrucksvolle Weise seinen Spaß am Schub-
ladenöffnen demonstrierte? Er hatte gelernt, Schubladenknäufe mit
der Schnauze zu umfassen und zu öffnen – und an dieser Beschäftigung großen Gefallen gefunden. Sie können diesen Trick mithilfe
der Schnur üben. Die Gefahr, dass Ihr Hund sich später an Schubladen ohne Strick zu schaffen macht, ist damit deutlich geringer.
Zudem sollten die Übungsschubladen nie Fressbares, egal, ob für
Hund oder Mensch enthalten, damit die Belohnung ausschließlich
vom Menschen und nie ungewollt von der Schublade selbst ausgeht.
Achten Sie darauf, lediglich an Schubladen mit Zugstopp zu üben.
Einige Schrankmodelle gewisser Möbelhäuser verzichten wohl aus
Kostengründen auf diese. Also unbedingt vorher testen!
Binden Sie die Schnur an den Knauf der Schublade, sodass sie ein
gutes Stück lang herunterbaumelt. Dann gehen Sie vor wie gehabt:
Bei Unsicherheiten erneut richtiges Ansatzverhalten verstärken und
belohnen, bei zunehmender Sicherheit des Hundes Anforderungen
erhöhen.
Falls Ihr Hund im Alltag anbietet, eine Schublade von sich aus zu
öffnen, sollten Sie ihm dies deutlich untersagen.

Reißverschlüsse öffnen

Eine drollige Variante ist das Öffnen von Reißverschlüssen. Dazu soll zuvor, wie in Schritt 1 beschrieben, das Prinzip des Ziehens ausreichend verknüpft und geübt worden sein. Da Sie hier eine dünnere Schnur als die bisher verwendete benötigen werden, lernt der Hund in Schritt 1 **ZIEH** auch auf andere Schnüre zu übertragen.

Schritt 1

Ihr Hund hat das Prinzip des Ziehens sehr gut verknüpft und reagiert auf das entsprechende Wortsignal sicher. Üben Sie nun mit einem anderen Seil. Optimalerweise unterscheidet sich dieses in Dicke und Material nur unwesentlich von dem bekannten. Verstärken und loben Sie wie gewohnt. Sobald der Hund mit einer anderen Schnur die übliche Sicherheit zeigt, trainieren Sie mit einem dritten, bei Erfolg vierten, fünften und so fort. Macht Ihr Hund keine Unterschiede mehr und zieht auf Hörzeichen zuverlässig an verschiedenen Schnüren, können Sie zu Schritt 2 übergehen.

Schritt 2

Binden Sie nun eine dünne Schnur an den Reißverschluss einer Jacke. Ziehen Sie diese Jacke an und schließen den Reißverschluss ein Stück. Knien Sie sich dann zum Hund auf den Boden, zeigen ihm das Ende der Schnur und geben aufmunternd das Hörzeichen **ZIEH**. Der Reißverschluss sollte sich leicht öffnen lassen, damit der Hund schnell zum Erfolg kommt. Es ist nicht nötig, dass er den Verschluss gleich ganz öffnet. Verstärken und belohnen Sie dem jeweiligen Lerntempo des Hundes entsprechend. Zögerliches Verhalten benötigt mehr Unterstützung im Ansatz als zielgerichtetes.

Hat Ihr Hund **ZIEH** erst einmal generalisiert, sind Ihrer Kreativität für weitere Ziehspiele eigentlich keine Grenzen gesetzt – außer natürlich denen, die der Hund durch seine Motivation vorgibt und Dingen, die unter Umständen gefährlich werden können.

Kammerdiener gefällig?

Wenn das Ziehen nicht klappt – Trainingstipps

Tipp	Für wen?	Wie wird's gemacht	Lernziel
1	Ihr Hund nimmt den Strick nicht ins Maul? Legen Sie einen angenehmen „Strick" bereit (z. B. altes Handtuch, Knotentau).	Falls Ihr Hund im Spiel nicht bereitwillig hineinbeißt, schon das Anschauen/Schnuppern belohnen.	Hund nimmt den Strick ins Maul.
2	Beobachten Sie Ihren Hund: Bietet er Ziehen bereitwillig an? Wenn ja, was empfindet er jetzt als Belohnung? Den Sieg (das Spielzeug überlassen zu bekommen), ein wildes Zerrspiel oder eine Futterbelohnung?	Die richtige Belohnungsart wählen und Clicker/Markerwort verwenden.	Hund nimmt Strick ins Maul und zieht kurz daran.
3	Sie haben einen wilden Zerrer? Wenn dieser Schubladen öffnen soll, müssen Sie ihn erst einmal zum sanften Ziehen hinclickern.	Zu wild? Dann keinesfalls über Zerrspiel belohnen sondern über besonders gute Leckerchen, bereits nach kurzem Ziehen (1 bis 2 Sekunden!) clicken. Klappt nicht? Vielleicht empfindet der Hund zu viel Konkurrenzdruck durch Ihre Nähe? Strick mit Ruckdämpfer an Pfoten anbinden, dann können Sie ein paar Schritte zur Seite treten. ((Verstehe ich nicht))	Hund zieht kurz und nicht zu heftig.
4	Ihr Hund zieht nur sehr zaghaft und lässt schnell los?	Abstand vergrößern (z. B. eine Leine ans Handtuch binden, damit Sie einen Schritt weiterweg ziehen können). Nicht über den Hund beugen. Den Hund viele Male gewinnen lassen!	Hund zieht ein wenig länger und fester.
5	Beim vorsichtigen Hund unbedingt extra üben: Tür öffnet sich ihm entgegen, Schublade kommt heraus! Keine Schublade mit schepperndem Inhalt zu Beginn wählen. An Tür oder Schublade zusätzliche Leine befestigen und ziehen helfen, damit der Hund Erfolserlebnisse hat!	Hund neben Tür/Schublade füttern und diese von Hand öffnen. Achten Sie stets auf Ihre Belohnungsfrequenz, d. h. der Hund muss oft Erfolg haben!	Hund hat keine Angst vor der Schublade.

Sprünge – einfach,
aber gar nicht langweilig!

Gemeinsames Hindernis-Springen

Sicherlich haben Sie schon einmal von Agility gehört – einer mittlerweile sehr populären Hundesportart, bei der Hunde auf Richtungsanweisung des Menschen verschiedenste Hindernisse überwinden. Eine Vielzahl der Hindernisse besteht aus Sprüngen und den meisten Hunden ist die Begeisterung im Agility-Parcours deutlich anzusehen. Schauen wir uns für den Alltag doch einfach etwas ab!

Voraussetzungen und Hilfsmittel

Sprungspiele sind geeignet für komplett ausgewachsene, körperlich gesunde und wohlproportionierte Hunde. Sie fördern die Koordination und lasten vor allem temperamentvolle Hunde aus. Das gemeinsame Springen mit dem Menschen wirkt zudem bindungsfördernd. Um mit Hindernissprüngen Spaß zu haben, kommt es nicht auf die Höhe an. Im Gegenteil: Die Hindernisse sollten nicht zu hoch sein, um die Gelenke nicht unnötig zu belasten. Zudem wirken höhere Hindernisse gerade zu Beginn für zurückhaltende oder evtl. sprungunerfahrene Hunde abschreckend. 30 Zentimeter für große und 15 Zentimeter für kleine Hunde sind ein guter Richtwert. Wichtig ist ein weicher Untergrund wie Rasen oder Wiese. Auf winterhart gefrorenem Boden besser auf Sprünge verzichten! Ausreichend Material für gemeinsames Hindernis-Springen finden Sie in der Garage, im Keller und in der Abstellkammer. Hilfreich sind: Tomatenstangen, Besenstiele, niedrigere Kartons oder Kisten aus Plastik, Kunststoffblumenkästen.

So wird's gemacht
Schritt 1
Den Hund motivieren

Bauen Sie im Garten ein niedriges Hindernis auf. Dazu können Sie eine Tomatenstange oder einen Besenstiel auf zwei Kartons oder Kisten legen. Auch für größere Hunde reicht zu Beginn eine Höhe von 10 – 20 Zentimetern. Locken Sie den Hund in eine Position, die ihm ausreichend Platz bis zum Hindernis lässt. Sorgen Sie dafür, dass er kurz Blickkontakt zu Ihnen aufnimmt (evtl. durch **GUCK MAL** und direkt folgende Leckerchengabe). Laufen Sie dann mit einem Startsignal (z. B. **AUFI**) in Richtung Sprung los und animieren den Hund mitzukommen. Geben Sie dabei ein bisschen Tempo vor, das wirkt animierend! Springen Sie mit **HOPP** o. Ä. über das Hindernis und laufen danach noch ein paar Schritte aus. Die meisten Hunde werden ihren Menschen auf diesem Weg folgen und gemeinsam springen. Sollte Ihr Hund jedoch hartnäckig am Sprunghindernis vorbeilaufen, können Sie sich mit der Leine behelfen, bis der Hund das Hörsignal verstanden hat. Starten Sie dazu erneut

Tipp
Aufwärmen

Bei allen Sprungspielen und -übungen soll der Hund zuvor gelockert worden und seine Muskulatur warm sein. Hierfür bietet sich ein kurzes, gemeinsames und nicht zu wildes Spiel mit Spielzeug an, ebenso schnelles Fußlaufen. Gymnastische Übungen wie z. B. **ROLL DICH**, **WINKEN**, Beinslalom oder Spanischer Schritt sind auch eine gute Vorbereitung für Sprünge.

gemeinsam, diesmal mit angeleintem Hund. Das Hindernis soll dabei möglichst niedrig sein, damit der Hund an der Leine keinen zu großen Satz machen muss. Im Moment des gemeinsamen Sprungs sagen Sie möglichst freudig **HOPP** oder **JUMP** und laufen zur Belohnung noch ein paar Schritte gemeinsam weiter.

Nach ein paar Tagen mit Leine kann das Springen über ein Hindernis in der Regel frei geübt werden.

Schritt 2
Zwei bis drei
Sprünge in Folge

Ist Hörzeichen **HOPP** eingeführt und springt der Hund freudig mit Ihnen über ein Hindernis, kann in gerader Linie vom ersten Sprung aus ein zweiter, möglichst gleich aussehender aufgebaut werden. Zwischen den beiden Sprüngen sollte ausreichend Platz sein, um Anlauf nehmen zu können. Beginnen Sie wieder gemeinsam vor dem ersten Hindernis und bringen den Hund vor dem Loslaufen durch kurzes Herstellen von Blickkontakt (evtl. wieder **GUCK MAL** und Leckerchengabe) zu Konzentration und einem Moment der Ruhe. Mit **AUFI** und **HOPP** gehts los in Richtung des ersten Hindernisses. Laufen Sie nach dem ersten Sprung, ohne zu zögern, auf das zweite zu und setzen erneut mit **HOPP** zum Sprung an. Zur Belohnung laufen Sie noch einige Schritte unter großem Hallo und Lob weiter. Funktioniert dies gut, kann ein dritter Sprung hinzugenommen werden, der ebenfalls in gerader Linie aufgestellt wird. Üben Sie das Springen von beiden Seiten!

Schritt 3
Verschiedene
Hindernisse

Sofern es Ihre Kondition zulässt, können Sie die Sprungstrecke noch um weitere Hindernisse verlängern und nun ganz verschiedenartig aussehende Sprünge integrieren. Das muss nicht nur der Besenstiel sein: in Reihe gelegte, nicht zu hohe Kartons oder längliche, umgedrehte

Kunststoffblumenkästen leisten gute Dienste. Beginnen Sie wieder gemeinsam mit einem kurzen Konzentrationsmoment zu Beginn der Strecke: **GUCK MAL**, **AUFI**, **HOPP**. Hunde, die auf Distanz **SITZ** und **BLEIB** beherrschen, kann man auch vor dem ersten Hindernis absetzen, sich selbst hinter den letzten Sprung stellen und mit **AUFI** und **HOPP** zu sich rufen.

Schritt 4
Parcours
mit Bögen und
Kurven

Nimmt der Hund gemeinsam mit Ihnen gerade Strecken aus etwa drei oder vier Hindernissen ganz selbstverständlich, können Sie einen kleinen Parcours mit Bögen stellen. Dabei ist das gemeinsame Springen besonders wichtig, denn die Bewegungen des Menschen zeigen dem Hund die richtige Richtung. Gehen Sie behutsam zur Sache und lassen zwei Sprüngen in gerader Linie einen dritten in leichtem Bogen folgen. Wie immer steht am Anfang des Parcours ein kurzer Moment der Ruhe durch Blickkontakt.

Sofern Sie und Ihr Hund weiterhin Spaß haben, kann der Parcours nun anspruchsvoller gestaltet werden: Die Anzahl der Sprünge erhöht sich dabei schrittweise und aus leichten Bögen werden im Laufe der Zeit Kurven. Als Anregung für kleine Gartenparcours kann das Alphabet dienen. Bauen Sie mal ein C, ein D, ein J und so fort. Wichtig bleibt, stets ausreichend Platz zwischen den einzelnen Hindernissen zu belassen.

Tipp

Hindernisse optisch begrenzen

Läuft Ihr Hund hartnäckig an den Sprüngen vorbei, kann eine optische Begrenzung der Hindernisse helfen: Stecken Sie einfach direkt neben die Sprünge farbige Stangen aufrecht in den Boden. (Verwenden Sie z. B. Tomatenstangen. Sie lassen sich einfach mit Farbe besprühen.)

Gemeinsam Springen macht Spaß!

Info

Wenn Ihr Hund beim Springen über die Stränge schlägt

Da Hunde gemeinsames Springen in der Regel außerordentlich anregt, kann es schon einmal vorkommen, dass gute Manieren vergessen werden und der Mensch durch Anspringen, Zwicken in Kleidung oder unaufhörliches Gebell anzutreiben versucht wird. In einem solchen Fall sollten Sie Sprungspiele einfach wortlos abbrechen und den Hund eine Weile ignorieren. So geben Sie ihm zu verstehen, dass der gemeinsame Spaß genau dort aufhört, wo schlechtes Benehmen beginnt. Hat er sich vollständig beruhigt, kann es weitergehen.

Sprung durch den Reifen

Voraussetzungen und Hilfsmittel

Diese Übung eignet sich gut für alle Hunde, die gern springen und die körperlichen Voraussetzungen dafür mitbringen. Das Hörzeichen **HOPP** sollte dem Hund schon gut bekannt sein. Optimales Hilfsmittel ist ein Hula-Hoop-Reifen. Er ist leicht und außerdem groß genug. Reifensprünge können in Kombination mit anderen Sprüngen koordiniertes Bewegen fördern.

So wird's gemacht
Schritt 1

Beginnen Sie mit Leckerchen und Reifen in ablenkungsfreier Umgebung. Stellen Sie den Reifen zwei bis drei Schritte vor den Hund. Strecken Sie die „Leckerchen-Hand" durch den Reifen zum Hund, sodass er Ihrer Hand folgt. „Ziehen" Sie den Hund auf diese Weise auf die andere Seite des Reifens, erst dort bekommt er seine Belohnung. Läuft er um den Reifen herum anstatt hindurch, bleibt lediglich die Belohnung aus. Schimpfen Sie nicht, sondern versuchen Sie es geduldig noch einmal. Sollten Sie mit diesem Schritt größere Schwierigkeiten haben, können Sie eine zweite Person bitten, den Hund vor dem Reifen kurz zu fixieren, bis er gerufen wird. Dabei kann er eine Leine tragen, die Sie in der Hand halten, damit er nur

Beim Reifensprung ist zu Beginn eine Hilfsperson sehr nützlich. Alternativ können Sie Ihren Hund zu einem Bodentarget schicken und den Reifen selbst halten.

den direkten Weg nehmen kann. Hunde, die **SITZ** und **BLEIB** beherrschen, können vor dem Reifen ins **SITZ** gebracht und dann hindurch gerufen werden.

Schritt 2

Macht der Hund keinerlei Anstalten mehr, um den Reifen herum zu laufen, kann dieser ein kleines Stück angehoben werden. Verwenden Sie nun das für Sprünge bereits eingeführte Hörsignal. Üben Sie den Reifensprung zunächst in die eine, schließlich auch in die andere Richtung. Zehn Zentimeter sind für den Anfang eine ausreichende Höhe. Erhöhen Sie dann schrittchenweise, so wie es die Körpergröße des Hundes erlaubt. Denken Sie stets an Ihr Hörzeichen und belohnen mit kleinen Leckerlis.

Schritt 3

Nun können Sie die Reifensprünge etwas abwechslungsreicher gestalten. Beherrscht der Hund **SITZ** (oder **STEH**) und **BLEIB** können Sie sich mit dem Reifen in der Hand in etwas größerer Entfernung vom Hund positionieren und in dann zum **HOPP** auffordern. Halten Sie den Reifen mal in der linken, mal in der rechten Hand. Bei zunehmender Sicherheit können Sie sich in leichtem Bogen vom Hund stellen, sodass er seinen Sprung noch besser koordinieren muss. Haben Sie und Ihr Hund etwas Erfahrung im Parcourslaufen (siehe oben), kann der Reifensprung mitintegriert werden. Bitten Sie eine Hilfsperson, den Reifen seitlich festzuhalten oder binden ihn an einem Ast o. Ä. fest.

Sprung durch Papier

Hier lernt der Hund, durch einen mit Papier bespannten Reifen zu springen. Für diesen so spektakulär anmutenden Trick gibt es einen recht simplen Aufbau. Daher lohnt sich ein Versuch auch mit zurückhaltenden Hunden, denn die nur ganz sanft ansteigende, kleine Mutprobe kann ihnen Selbstvertrauen geben.

Voraussetzungen und Hilfsmittel

Der Hund springt gern und ohne Zögern durch den Reifen. Sie benötigen neben dem bekannten Reifen Zeitungspapier.

Schritt 1

Zuerst gewöhnen Sie Ihren Hund an Flatterbänder. Reißen oder schneiden Sie das Papier in etwa drei bis fünf Zentimeter breite Streifen. Befestigen Sie jeweils ein bis zwei Streifen mit Klebeband ausschließlich am rechten und linken oberen Reifenrand, sodass eine Art Vorhang entsteht, der dem Hund jedoch in der Mitte ausreichend optischen Platz lässt, um hindurchzuspringen. Üben Sie dann mit dem Reifen in der Hand, ausreichend attraktiven Belohnungshäppchen, dem bekannten Hörsignal und tüchtiger Ermunterung. Sollte sich der Hund zu irritiert zeigen, um zu springen, können Sie die Anzahl der Flatterbänder verringern und lassen bei den ersten Durchgängen nur eines am Reifen hängen. Hilfreich kann sein, wenn eine zweite Person den Reifen hält und der Besitzer den Hund durch den Reifen zu sich ruft. Vielen Hunden hilft der direkte Blickkontakt zu ihren Menschen, Unsicherheiten zu überwinden.

Schritt 2

Sobald der Hund mit drei bis vier Flatterbändern keine Probleme mehr hat und sicher durch den Reifen springt, erhöhen Sie die Zahl der Papierbänder stufenweise, kleben diese dabei aber zunächst ausschließlich am oberen Rand des Reifens, und noch nicht unten, fest. Orientieren Sie sich dabei stets an der Selbstsicherheit, mit der Ihr Hund den Reifensprung mit Flatterbändern nimmt und sparen nicht mit Lob. Über-

windet der Hund schließlich einen ganzen Vorhang ohne Zögern und mit Freude, können Sie zu Schritt 3 übergehen. Für schüchterne Tiere ist bereits das Überwinden eines Flattervorhangs ein großer Erfolg! Der Gradmesser bei der Erhöhung der Ansprüche muss nun immer die Freude sein, mit der das Tier noch bei der Sache ist.

Schritt 3   Nehmen Sie jetzt den Reifen mit Flattervorhang zur Hand. Kleben Sie zwei bis drei der äußeren Streifen nun auch am unteren Rand des Reifens fest, lassen die mittleren Papierbänder aber noch frei flattern. Die Streifen sollten nicht breiter als zwei bis drei Zentimeter sein, denn so reißen sie leicht ein und bieten dem Hund nur einen ganz geringen Widerstand. Nimmt der Hund diese Hürde wie gewünscht, können weitere Flatterbänder unten befestigt werden. Dabei soll in der Mitte noch für eine Weile eine Lücke bleiben, dem Hund aber der leichte Widerstand links und rechts bewusst werden. Das nächste Ziel ist es, alle Bänder unten festzukleben. Sind diese nach wie vor dünn genug geschnitten, kann der Hund sie beim Springen ganz leicht durchreißen, was eine wichtige Lernerfahrung für ihn ist, bevor die nächste Schwierigkeit in Angriff genommen werden kann. Üben Sie Schritt 3 ausreichend aus verschiedenen Positionen, mal links, mal rechts vom Hund, mal mit **SITZ** und **BLEIB**, mal aus einem leichten Winkel heraus, damit Ihr Hund größtmögliche Sicherheit gewinnt.

Die ersten Trainingseinheiten sind geschafft!

Ein eindrucksvoller Trick!

Schritt 4

Nun wird der Reifen stufenweise etwas undurchgänglicher gestaltet. Dabei ist es ratsam, zunächst einfach die Streifen breiter zu schneiden: Im Laufe der Übungen sollte eine Breite von ca. acht bis zehn Zentimetern angestrebt werden. Verwenden Sie unbedingt das bereits bekannte Papier. Haben Sie also bislang Zeitungspapier benutzt, ist es kontraproduktiv, nun auf anderes umzusteigen. Kleben Sie die Streifen unten und oben fest und üben wie gehabt. Bemerken Sie bei diesem Schritt eine plötzliche Verunsicherung des Hundes, können die breiten Streifen zunächst wiederum nur am Rand, im Laufe größerer Selbstsicherheit schließlich erneut am unteren Reifenrand fixiert werden.

Schritt 5

Können Sie alle Streifen oben und unten festkleben und Ihrem Hund ist nach wie vor Begeisterung anzusehen, ist es Zeit für die Kür: Bespannen Sie nun den Reifen komplett mit Zeitungspapier, das Sie leicht mit Klebeband an den Seiten befestigen. Ritzen Sie das Papier dann großzügig ein, damit es immer noch möglichst leicht zerreißt, wenn der Hund hindurchspringt. Die Anzahl der Einritzungen verringern Sie dann direkt proportional zur Sicherheit des Hundes – bis der große Tag gekommen ist und der Hund das erste Mal durch komplett geschlossenes Papier springt.

Sprung durch die Arme – Sprung in die Arme

Hier formt der Mensch seine Arme zu einem Ring, durch den der Hund springt.

Voraussetzungen   Nicht ganz so anspruchsvoll, aber spaßig und weniger aufwendig ist der Sprung durch die Arme. Hunde, die gelernt haben, durch den Reifen zu springen (ohne Flatterbänder oder Papierbespannung) tun sich in der Regel etwas leichter. Doch diese Übung kann ebenso mit Hunden versucht werden, die bislang nur **HOPP** über einfache Hindernisse kennen. Hunde, die einen Menschen, der sich über sie beugt, als bedrohlich und verunsichernd empfinden, sollten auf diese Sprungvariante verzichten. Zudem muss das Größenverhältnis zwischen Mensch und Hund stimmen.

So wird's gemacht   Hunde, die den Sprung durch den Reifen kennen, können diesen
Sprung durch die Arme   Trick in der Regel ohne Hilfsperson erlernen. Gehen Sie in die Hocke und formen neben sich mit Ihren Armen einen Ring. Nehmen Sie durch den „Reifen" Blickkontakt mit Ihrem Hund auf und rufen ihn mit **HOPP** o.Ä. Danach loben und belohnen Sie ihn. Sollte dies nicht funktionieren, lassen Sie sich von einer zweiten, dem Hund vertrauten Person unterstützen. Diese formt mit den Armen den Reifen. So können Sie besser Blickkontakt mit dem Hund aufnehmen und ihn zu sich rufen. Formen Sie den Ring zu Beginn noch am Boden und erhöhen ihn sachte im Laufe weiterer Übung.

Auch folgende Variante kann trainiert werden: Der Hund läuft von hinten kommend durch die gespreizten Beine seines Menschen und springt dann durch die zum Reifen geformten Arme. Bringen Sie den Hund dazu ins **SITZ** und **BLEIB**, entfernen sich ein paar Schritte von ihm, sodass Sie mit dem Rücken zu ihm stehen. Beugen Sie sich dann nach vorn, spreizen die Beine ausreichend, formen mit den Armen einen Reifen und rufen den Hund mit **HOPP**.

Diese Sprunghöhe ist etwas für Fortgeschrittene!

Sprung in die Arme

Diese Übung kann dann realisiert werden, wenn der Hund relativ leicht ist. Wir empfehlen, dies nur mit Hunden zu üben, die generell gut erzogen sind und nicht ohne Aufforderung am Menschen hochspringen. Setzen Sie sich zunächst auf einen Stuhl oder Sessel und nehmen ein paar Leckerlis zur Hand. Lässt Ihr Hund sich nicht durch Klopfen und aufmunternde Worte animieren auf Ihren Schoß zu springen, strecken Sie Ihre Beine so aus, dass diese eine Art Steg bilden und locken den Hund mithilfe der Leckerchen nach oben. Steigt der Hund nicht gleich ganz auf Ihren Schoß, verstärken und belohnen Sie schrittchenweise das, was er anbietet. Geben Sie sich zu Beginn damit zufrieden, dass er beide Pfoten auf Ihre Beine legt, ganz auf Ihren Beinen steht und so fort. Sobald er sicher hochläuft oder -springt, winkeln Sie die Beine stärker an und wiederholen die Übung regelmäßig. Ziel ist, dass der Hund auf Ihren Schoß springt, während Sie mit noch leicht ausgestreckten Beinen auf einem Stuhl sitzen. Unterstützen Sie jeden erfolgreichen Versuch mit Hörzeichen **HOPPA** o. Ä. Dann strecken Sie im Sitzen nur noch ein Bein aus und winkeln das andere an. Klappt auch dies, versuchen Sie es im Stehen. Machen Sie dazu mit gebeugtem Knie einen Schritt nach vorn und geben dem Hund auf möglichst aufmunternde Weise sein Hörzeichen. Sobald er landet, bieten Sie ihm mit den Armen sicheren Halt. (Achtung: Menschen mit Rückenproblemen sollten darauf besser verzichten!)

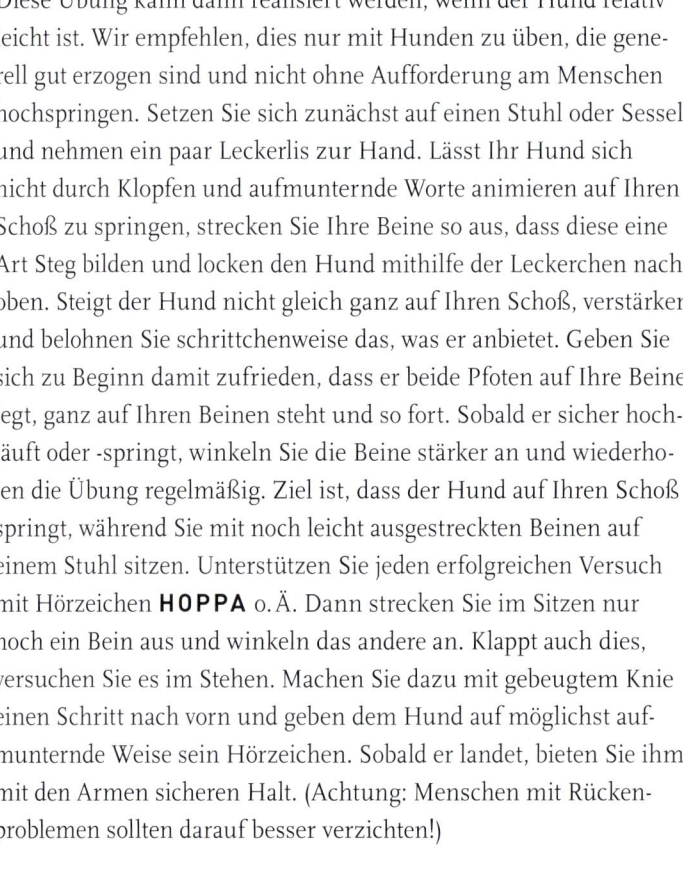

Übungsplan zum Sprung durch die Arme

Schritte	Wie wird's gemacht?	Wo?	Wie oft / Wie lange üben?	Hilfe, es klappt nicht!	Lernziel
Schritt 1	**Voraussetzung:** Hund kennt Hörzeichen HOPP.	Ohne Ablenkung, ruhige Wiese, Hof oder Garten.	Jeweils max. 5 Wiederholungen, um die Gelenke nicht zu stark zu belasten.	Einfache Sprünge üben.	Hund springt auf Hörzeichen HOPP über das gezeigte Hindernis.
Schritt 2	Mittels Wand/ Baum und Arm einen Sprung bilden. Hund ermuntern, darüberzuspringen.	Siehe oben.	Siehe oben.	Hund springt nicht? Es gibt drei Möglichkeiten: 1. Eine Hilfsperson lockt/führt den Hund. 2. Sie werfen ein Leckerchen. 3. Hund kann Targettrainig und wird zum Target geschickt. Falls die Koordination zu schwerfällt oder Sie selbst Gelenkprobleme haben, können Sie sich auch auf den Boden setzen und den Hund erst einmal über Ihre ausgestreckten Beine springen lassen.	Hund springt über Ihren ausgestreckten Arm.
Schritt 3	Hund springt über Ihren ausgestreckten Arm, Abstand zur Wand/zum Baum und Sprunghöhe ein wenig vergrößern.	Siehe oben.	Immer noch maximal 5 Wiederholungen am Stück, aber diesen Schritt insgesamt so oft wiederholen, bis es wirklich gut klappt.	Immer nur eine Variable verändern: entweder den Abstand zur Wand oder die Sprunghöhe.	Hund springt über ausgestreckten Arm ohne äußere Begrenzung.
Schritt 4	Zweiten Arm langsam in Position bringen.	Siehe oben.	Siehe oben.	Nicht zu schnell vorgehen, Schritt 3 mehrfach wiederholen.	Zweiter Arm bildet obere Begrenzung.
Schritt 5	Beide Arme formen einen Kreis .	Siehe oben.	Siehe oben.	Siehe oben.	Die Arme formen einen Kreis, durch den der Hund springt.
Schritt 6	Startpunkt verlagern, d. h. Hund sitzt weiter weg.	Ablenkung langsam steigern und Übungsort variieren.	Siehe oben.	Zwischenschritte ausführlich trainien, aber nicht übertreiben.	Hund springt durch Ihre Arme.

Der blaue Fleck

TOUCH

Der blaue Fleck dient als Basis für eine Vielzahl schöner, spielerischer Beschäftigungsmöglichkeiten, die geradezu unendlich erweiterbar sind. Die Farbe Blau haben wir gewählt, weil sie von Hunden gut gesehen und somit unterschieden werden kann. Geeignet ist diese Spieleinheit für alle Hunde, die Freude am kooperativen Miteinander mit ihrem Menschen haben. Hunde, die schon einige andere Tricks und Spiele kennen, lernen auch hier in der Regel schneller. Für alle Übungseinheiten, die auf dem blauen Fleck aufbauen, spricht zudem, dass sie den Hund geistig fordern und daher ausgleichend wirken können.

So wird's gemacht
Schritt 1

Ziel ist, dass der Hund mit einer Pfote einen blauen Fleck berührt. Als geeignetes Hilfsmittel benötigen Sie zunächst einen blauen Müllsack, Leckerlis und ggf. den Clicker. Natürlich würde sich auch ein blaues Tuch oder Ähnliches eignen. Kartons (z. B. Ordner-Trennstreifen) oder Müllsäcke haben allerdings den Vorteil, dass sie beliebig wiederbeschafft werden können. Schneiden Sie aus dem Sack ein größeres Stück mit etwa 30 bis 50 Zentimetern Kantenlänge heraus. Legen Sie dieses auf den Boden und machen den Hund freudig darauf aufmerksam. Sobald er sich nähert und den Fleck berührt, verstärken Sie mit **GUT**/**CLICK** und belohnen. Zunächst ist es völlig gleich, mit welcher Pfote der Hund den Fleck berührt. Evtl. schnuppert er bei der ersten Begegnung auch nur daran. Dennoch wird die erste Annäherung auf jeden Fall verstärkt, damit der Hund weiß, dass er auf dem richtigen Weg ist. Nach jedem halbwegs richtigen Versuch des Hundes sollte der blaue Fleck kurz vom Boden hochgenommen und für den nächsten Versuch wieder hingelegt werden. So wird erneut Neugier geweckt und der einzelne Übungsdurchgang ist für den Hund klarer umrissen.
Hat der Hund nach einigen Wiederholungen verstanden, dass der Fleck ihn zu seiner Belohnung führt und zeigt nun deutlicheres Interesse, verstärken Sie nur noch Berührungen mit der Pfote. Seien Sie zum jetzigen Zeitpunkt nicht wählerisch, ob mit rechts oder links spielt noch keine Rolle. Eine kleine Durststrecke, in der der Hund nicht recht weiß, was er eigentlich tun soll, während Sie ihn animieren den blauen Fleck zu berühren, ist nun übrigens ganz normal. So gut wie alle Hunde aber werden es irgendwann schon aus reiner Verzweiflung mit der Pfote versuchen; der richtige Zeitpunkt für einen Jackpot voller Leckerlis.

Ein Bodentarget ist
die Basis für alle
möglichen weiteren
Tricks.
Hat der Hund das
Prinzip einmal ver-
standen, kann der
„Fleck" auch weiter
weg gelegt werden.

Schritt 2

Nun soll gezielt ausschließlich
die Berührung mit einer Pfote
verstärkt und belohnt werden.
Achten Sie dabei zu Beginn darauf, welche Pfote der Hund von
sich aus anbietet und belohnen
dann nur Versuche mit dieser. Nehmen Sie erneut Ihren blauen
Fleck zur Hand, legen ihn neben sich und deuten mit aufmuntern-
den Worten darauf. Fehlversuche werden einfach unkommentiert
ignoriert. Allen korrekten Berührungen folgen **GUT**/**CLICK** und
Leckerchen. Nehmen Sie den Fleck nach jedem erfolgreichen
Durchgang kurz vom Boden weg. Mit größerer Sicherheit legen Sie
den blauen Fleck einmal direkt vor sich, dann leicht nach rechts
und nach links. Verunsichert dies den Hund, üben Sie noch für ein
Weilchen, ohne die Position des blauen Flecks zu verändern. Hat
der Hund keine Probleme mit der sich verändernden Lage, können
Sie den blauen Fleck zur Abwechslung auf Ihre Hand legen und
den Hund zum Berühren auffordern. Sobald er dabei Sicherheit
zeigt, kann das Hörzeichen **TOUCH** eingeführt und mit jeder
Berührung des Flecks verknüpft werden.

Schritt 3

Haben Sie Schritt 2 gemeistert, kann die Berührung des Flecks auf
eine kleine Entfernung trainiert werden. Halten Sie dazu den Hund
cinen kurzen Moment neben sich fest, legen den blauen Fleck mit
freudigem Hörsignal **TOUCH** etwa 20 bis 30 Zentimeter von sich
weg und lassen den Hund los. Verstärken und Belohnen nicht vergessen! Nehmen Sie den Fleck vom Boden auf, während der Hund
mit seinem Belohnungshappen beschäftigt ist und starten dann
einen neuen Durchgang. Je nach Fortschritt kann die Entfernung
des Flecks im weiteren Verlauf noch um einige Zentimeter erhöht

werden. Legen Sie den blauen Fleck dann auch einmal mehr nach rechts, mal mehr nach links. Zur Überprüfung, inwieweit Ihr Hund schon verallgemeinert und als Hilfe für spätere Tricks, können Sie den Fleck immer mal wieder auf Ihre Hand legen und zum **TOUCH** auffordern.

Info

TOUCH für Hunde, die schon Pfötchen geben können

Hunde, die schon zuverlässig auf ein Hörsignal die Pfote geben und **TOUCH** für weiterführende Tricks erlernen sollen, können folgendermaßen einsteigen. Schneiden Sie einen blauen Fleck (nicht zu klein!) aus einem Müllsack und legen ihn sich auf die Hand. Dann animieren Sie Ihren Hund zum Pfotegeben. Bereits nach wenigen Versuchen können Sie dem altbekannten Signal Hörzeichen **TOUCH** voranstellen: **TOUCH GIB PFÖTCHEN**. Legen Sie den Fleck dann auf Ihr Knie und fordern den Hund erneut auf: **TOUCH GIB PFÖTCHEN**. Ziel ist nun, dass der Hund das **TOUCH** nicht mehr mit der ausgestreckten Hand, sondern mit dem blauen Fleck verbindet. Legen Sie den Fleck mal auf das rechte, mal auf das linke Knie. Machen Sie damit gute Fortschritte, legen Sie den blauen Fleck als nächstes auf den Fuß und üben dies. Um eine noch deutlichere Verallgemeinerung beim Hund zu erreichen, fahren Sie dann fort wie ab Schritt 2 und 3 beschrieben. Klappt alles, geht es weiter mit Schritt 4.

Schritt 4

Nun kann der blaue Fleck verkleinert werden. Haben Sie bislang noch einen recht großen Fleck für das Touch-Training verwendet, steht nun eine Verkleinerung auf dem Stundenplan. Dabei heißt es, wie immer, stufenweise vorgehen. Üben Sie jetzt verschiedene Touch-Positionen mit einem um einige Zentimeter kleiner geschnittenen Fleck. Erst bei gutem Erfolg mit dem erreichten Status quo sollte der Fleck erneut etwas verkleinert werden, bis er am Ende noch eine Kantenlänge von etwa fünf Zentimetern hat.

Schritt 5

In dieser Phase ist das Ziel, dem Hund Generalisierungsaufgaben zu bieten, um das Erlernte zu festigen und für Aufbauübungen nutzbar zu machen. Voraussetzung ist, dass die Anforderungen der vorherigen Schritte keinerlei Probleme mehr bereiten. Befestigen Sie den blauen Fleck nun an einer ganz neuen Stelle. Üben Sie dort so lange wie nötig. Ein guter neuer Trainingsort ist ein Baum. Befestigen Sie den Fleck dort in geringer Höhe, sodass der Hund ihn leicht mit der Pfote berühren kann. Optimalerweise legen Sie den Hund währenddessen kurz ab oder binden ihn fest, damit seine Erwartungshaltung steigt und er nicht frühzeitig startet. Führen Sie den Hund dann zum Baum und geben das Signal **TOUCH**. Verstärkung und attraktive Belohnung sind in dieser neuen Lernsituation besonders wichtig! Verlangen Sie bei dieser Übertragungsübung vom Hund nicht, selbstständig auf größere Entfernung auf den Baum zuzulaufen. Damit wären zu viele neue Anforderungen auf einmal gestellt und unnötige Fehlschläge und Frustration beim Hund vorprogrammiert. Hat der Hund den neuen Lernort verinnerlicht und reagiert mit gewohnter Sicherheit, können nach Lust und Laune andere gewählt werden, wie zum Beispiel eine Sesselkante, eine bestimmte Zimmerecke usw.

Mit dem Fleck zum WINKEN

WINKEN – Winkenlernen mit dem blauen Fleck

Hier lernt der Hund das **WINKEN** mithilfe des blauen Flecks.

Voraussetzungen und Hilfsmittel

Voraussetzung ist, dass der Hund den Fleck sicher berühren gelernt hat. Der Vorteil dieser Methode ist, dass der Hund lernt, seine Pfote recht hoch zu heben. Außerdem kann er leichter zu Wiederholungen motiviert werden, sodass seine Bewegung nach einem echten Abschiedswinken aussieht. Sie benötigen eine Fliegenklatsche und den blauen Fleck.

So wird's gemacht
Schritt 1

Kleben Sie den blauen Fleck auf die Klatsche und stellen sich damit vor den Hund. Halten Sie ihm die Klatsche bei den ersten Übungseinheiten nicht zu hoch vor die gewünschte Pfote. Er sollte sie leicht berühren können. Erfolgreiche Versuche werden verstärkt und belohnt.

Schritt 2

Erhöhen Sie dann die Position der Klatsche stufenweise, damit der Hund immer zielgerichteter arbeitet und die Pfote weiter nach oben streckt. Sobald Sie eine schöne Höhe erreicht haben, fügen Sie dem altbekannten **TOUCH** das Signal **WINKEN** hinzu. Sagen Sie dabei das neue Wort stets zuerst.

Schritt 3

Lassen Sie die Klatsche dann immer weiter in Ihrem Ärmel verschwinden. Ziel ist, dass gegen Ende nur noch die Fläche mit dem blauen Fleck herausschaut, die auf Ihrer flachen, ausgestreckten Hand aufliegt. Achtung: Die flache Hand dient nun als zusätzliches Sichtsignal für den Hund und soll im weiteren Verlauf Fliegenklatsche und Fleck ersetzen. Trainieren Sie nun eine Weile mit den Hörsignalen **WINKEN** sowie **TOUCH** und der Fliegenklatsche auf der flachen Hand. Dann gilt es, die alten Signale und Hilfsmittel auszuschleichen und lediglich auf die neuen zu setzen. Probieren Sie es nach einigen Wiederholungen einfach aus: Stellen Sie sich vor den Hund, strecken die Hand aus und geben Signal **WINKEN**. Hat die Pfote des Hundes die gewünschte Höhe erreicht, soll sofort verstärkt und belohnt werden. Es ist nicht mehr erforderlich, dass der Hund mit der Pfote Ihre Hand berührt. Das gewünschte Verhalten ist nun das Hochheben der Pfote und nicht mehr die Berührung, weswegen genau im richtigen Moment **GUT/CLICK** und Leckerchen gegeben werden sollten. Je sorgfältiger Sie Ihre Verstärkung timen, desto schneller versteht der Hund, welche Bewegung ihn zum Ziel führt. Funktioniert das einmalige **WINKEN** gut, können Sie mithilfe des Sicht- und Wortsignals ein zwei- oder dreimaliges **WINKEN** einfordern, bevor der Hund seine Belohnung erhält.

Damit Rechts und Links klappt, müssen Sie langsam vorgehen und sorgfältig trainieren.

Info

Rechts und links Winken

Übrigens können Sie mithilfe von Fliegenklatsche und blauem Fleck auf einfache Weise **RECHTS WINKEN, LINKS WINKEN** trainieren. Stellen Sie sich dabei vor den Hund und halten die Klatsche, je nachdem, links oder rechts, sodass das Heben der gewünschten Seite schlicht bequemer für ihn ist. Sollte er dennoch hartnäckig bei einer Pfote bleiben, seien Sie einfach noch hartnäckiger als er. Kommt Ihr Hund mit der einen Pfote nicht zum Erfolg, wird er mit hoher Wahrscheinlichkeit irgendwann die andere ausprobieren.

Winkenlernen für alle Hunde

Wer den kleinen Umweg über **TOUCH** und blauen Fleck nicht
machen will, seinem Hund aber trotzdem **WINKEN** beibringen
möchte, kann auch einen anderen Weg einschlagen. Dabei baut
man darauf, dass so gut wie alle Hunde von sich aus bereitwillig
Pfote geben.

So wird's gemacht
Schritt 1

Setzen Sie sich mit einem leckeren und geruchsintensiven Happen
in der verschlossenen Hand vor den Hund. Halten Sie ihm die
geschlossene Hand vor die Nase. Mit hoher Wahrscheinlichkeit wird
er, wenn ihn nichts anderes ans Ziel bringt, irgendwann anfangen,
mit der Pfote zu agieren. Sobald also seine Pfote auf Ihrer Hand
ankommt, sagen Sie **GUT** oder clickern. Nehmen Sie dann mit der
anderen Hand das Leckerchen aus Ihrer Faust und geben es dem
Hund mit Hörzeichen **NIMM'S**. So kommt etwas mehr Ruhe,
Geduld und Disziplin in die Übung. (Vorsicht bei sehr aufdringli-
chen und zum penetranten Betteln neigenden Hunden: Hier empfehlen wir den Weg über den
blauen Fleck, um keine unerwünschten Verhaltensweisen zu
verstärken.) Probieren Sie dies
mehrmals hintereinander, bis
der Hund seine Pfote zuverlässig einen Moment auf Ihrer
Faust ruhen lässt.

Nicht nur ein Trick
sondern auch eine
schöne gymnasti-
zierende Übung

Licht ein- und aus-
schalten mit einem
Bodenschalter

Schritt 2

Nach einer Weile versuchen Sie es dann mit geschlossener Hand
ohne Leckerchen darin. Stellen Sie stattdessen eine Box mit kleinen
Häppchen in unmittelbare Nähe. Ruht die Pfote des Hundes auf
Ihrer Hand, verstärken Sie mit **GUT**/**CLICK** und nehmen das
Leckerli zur Belohnung aus der Box. Üben Sie dies mehrmals und
versuchen es dann mit ausgestreckter Hand: Vor den Hund setzen,
Hand ausstrecken, Pfotegeben verstärken und mit Futter belohnen.
Klappt dies, können Sie die Anforderungen erhöhen.

Schritt 3

Halten Sie nun Ihre ausgestreckte Hand etwas höher oder auch
einmal seitlich. Dann ist gutes Timing angesagt: Verstärken und
belohnen Sie ab sofort nicht mehr die Berührung der Hand mit der
Pfote (außer natürlich Sie möchten weiterhin Pfötchengeben üben),
sondern ausschließlich das hohe Heben der Pfote. Funktioniert
dies gut, ist der passende Zeitpunkt das Hörzeichen **WINKEN** einzuführen. Verknüpfen Sie es mit jeder richtigen Bewegung des
Hundes und lassen sofortige Verstärkung und Belohnung folgen.

Info

Variante für Schauspieler:
Sag zum Abschied leise servus!

Da Hunde schnell lernen, an bereits bekanntes Neues anzuknüpfen, halten die meisten Lernspiele, sobald einmal etabliert, eine große Zahl an Variationen bereit. Hat
der Hund gelernt, auf Hörzeichen **WINKEN** – am besten mehrmals – die Pfote zu
heben, kann man **WINKEN** mit leichten Schluchzgeräuschen unterlegen. Dieses
neue, parallel gegebene Signal kann das alte **WINKEN** nach kurzer Zeit völlig
ersetzen, und jedes Mal, wenn Sie ein Weinen imitieren, hebt der Hund die Pfote,
als würde er zum Abschied leise winken.

LICHT AUS! LICHT AN!

Voraussetzungen und Hilfsmittel
Geradezu sträflich wäre es, **TOUCH** nicht gewinnbringend in für beide Seiten nützlichen Übungen einzusetzen! Hat der Hund das Touchen mit der Pfote mit den unter Schritt 5 (siehe Seite 104) beschriebenen Generalisierungsaufgaben verallgemeinert, kann er lernen, Lichtschalter zu betätigen. Da Hundepfoten unter Umständen unschöne Spuren an der Wand hinterlassen, kann man die Umgebung um den Übungsschalter, sofern gewünscht mit durchsichtiger Folie bekleben. Vielleicht haben Sie auch einen Lichtschalter im Keller oder in der Garage, wo ein paar „Gebrauchsspuren" nicht störend sind.

So wird's gemacht
Schritt 1
Üben Sie zunächst nur an einem ausgewählten Schalter. Befestigen Sie dort den blauen Fleck und animieren den Hund mit dem bekannten Signal, diesen zu berühren. Selbstverständlich muss der Schalter in erreichbarer Höhe sein. Kleine Hunde kann man eventuell auf einen breiten Stuhl oder Hocker springen und von dort aus agieren lassen (hier immer direkt neben dem Hund stehen, falls dieser bei den ersten Versuchen ins Schwanken kommt). Nicht alle Lichtschalter sind leicht zu betätigen. Daher sollte zu Beginn die bloße Berührung verstärkt werden, ganz egal, ob das Licht damit bereits an- oder ausgeht.

Schritt 2

Hat der Hund begriffen, dass es um das zielgerichtete Touchen des Schalters geht, verstärken und belohnen Sie nur noch das erfolgreiche Berühren mit Licht an/Licht aus. Das leichte Klicken des Lichtschalters wird für den Hund im Laufe der Übungen zum zusätzlichen Signal. Er lernt, dass die Belohnung nur dann erfolgt, wenn er den Schalter nicht nur berührt, sondern auch zum Klicken bringt. Im darauffolgenden Schritt können Sie dann anfangen, ein Hörzeichen für das Ein- und Ausschalten des Lichts einzuführen.

Das Klack des Bodenschalters wird schnell zum Marker für den Hund.

LICHT AUS! LICHT AN! mit der Nase

Voraussetzung und Hilfsmittel

Wer das Betätigen des Lichtschalters gern üben möchte, aber doch um seine Wände fürchtet, kann den alternativen Touch mit der Nase trainieren. Voraussetzung ist, dass Mensch und Hund das Targetstick-Training mit Clicker (siehe Seite 25) beherrschen. Selbstverständlich funktioniert dies dann auch nur bei sehr leichtgängigen Kippschaltern und Hunden, die problemlos an den Schalter herankommen können.

So wird's gemacht
Schritt 1

Nehmen Sie den Targetstick zur Hand und befestigen an dessen Ende ein Stück Stoff. Sollte Ihr Hund bereits den blauen Fleck beherrschen, müssen Sie darauf achten, dass sich Farbe und Textur des Stoffes ausreichend von Ihrem „Fleck" unterscheiden. Halten Sie den Stick so in der Hand, dass der Hund zunächst aus allen möglichen Positionen den Stoff am Ende berührt. Verstärken und belohnen Sie dies. Stecken Sie den Stick dann mal in die Erde oder fixieren ihn an einer Stelle der Wohnung und schicken den Hund dorthin.

Schritt 2

Sobald der Hund sicher handelt, kann ein Hörzeichen eingeführt werden. Für Hunde, die auf Hörsignal **TOUCH** mit der Pfote agieren gelernt haben, sollte für das Berühren des Stoffes unbedingt ein neues Wortsignal eingeführt werden. Üben Sie auch, den Targetstick immer weiter im Pulloverärmel o.Ä. verschwinden zu lassen, sodass der Hund sich daran gewöhnt, nur noch den Stoff zu berühren.

Schritt 3

Nach ausreichenden Wiederholungen kleben Sie den Stoff auf den Lichtschalter. Auch hier gilt: Bereits leichte Berührungen mit der Schnauze werden zu Beginn verstärkt, ganz unabhängig davon, ob das Licht angeht oder nicht. Dann steigern Sie die Anforderungen und belohnen nur noch für Licht an/Licht aus. Führen Sie dann zeitgleich zum richtigen Verhalten das Hörzeichen **LICHT** ein. Haben Sie bislang mit **TOUCH** trainiert, verbinden Sie altes und neues Signal für eine Weile: **LICHT TOUCH**. Nach einiger Zeit können Sie auf den Stofffetzen verzichten. Sobald Sie ausreichend geübt haben, wird dieser überflüssig. Lediglich wenn Sie Ihr Glück auch an anderen Lichtschaltern versuchen möchten, kann es sein, dass der Hund den Stoff als zusätzliches Orientierungssignal noch für ein Weilchen benötigt.

ERZÄHL'S UNS

Bei dieser Übung lernt der Hund im Sitzen beide Pfoten auf einem Sessel, Tisch, einer Kiste oder Truhe abzulegen, sodass es aussieht, als halte er einen Vortrag. Achtung: Wenn Sie eine Kiste verwenden, muss diese schwer genug sein, damit sie nicht umfällt. **ERZÄHL'S UNS** ist eine schöne Übung mit gymnastischem Charakter, die den Gleichgewichtssinn, Geduld und Konzentration fördert.

Voraussetzungen Geeignet ist dieser kleine Trick für alle, die **SITZ** befolgen, außer eventuell die ganz Kleinen. Der Hund beherrscht **TOUCH** mit der Pfote.

So wird's gemacht
Schritt 1
Hier soll der Hund lernen, im Sitzen zunächst eine Pfote möglichst ruhig abzulegen. Setzen Sie ihn also vor eine Truhe o. Ä. und geben

das Hörzeichen **TOUCH**. Damit der Hund schnell erkennt, was er eigentlich berühren soll, können Sie für die ersten Übungsdurchgänge den blauen Fleck an der entsprechenden Stelle aufkleben. Verstärken Sie von Anfang an nur das ruhige Ablegen der Pfote und dehnen die Ablagedauer langsam, aber stetig bis auf drei, vier

Sekunden aus, bevor **GUT/CLICK** und Leckerchen folgen. Sollte
der Hund in dieser Phase unruhig werden und aufstehen, bauen
Sie die Übung so ruhig wie möglich nochmals aus dem Sitz heraus
auf und belohnen nur bei korrektem Verhalten. Klappt dies, führen
Sie zusätzlich zu **TOUCH** ein neues Wortsignal, wie zum Beispiel
ERZÄHL'S UNS ein, verwenden beide Hörzeichen noch eine
Weile parallel und schleichen das alte schließlich langsam aus.
Wenn der Hund gelernt hat, auf **ERZÄHL'S UNS** seine Pfote
abzulegen und geduldig sitzend auf seine Belohnung zu warten,
gehen Sie zu Schritt 2.

Schritt 2

Jetzt kommt die zweite Pfote ins Spiel. Bringen Sie den Hund mit
ERZÄHL'S UNS in die ihm bekannte Position. Fordern Sie dann
erneut **ERZÄHL'S UNS** und deuten auf die andere Pfote oder
berühren diese leicht. Hunde, die schon gelernt haben, sowohl mit
der einen als auch mit der anderen Pfote zu winken oder schlicht
mal rechts, mal links Pfötchen zu geben, werden hier schneller

Hier klappt es mit
dem „Rednerpult"
schon richtig gut.

Erfolg haben. Wer möchte, kann für das zweite **ERZÄHL'S UNS** gleichzeitig zum Wortsignal den blauen Fleck vor die zweite Pfote legen. Verstärkt und belohnt werden sollen wieder einmal richtige Ansätze: Hebt der Hund die zweite Pfote leicht, während die erste ruhig liegen bleibt, folgen **GUT**/**CLICK** und Leckerchen. Berührt der Hund die Truhe oder den Sessel leicht: **GUT**/**CLICK** und Leckerchen. Legt er das erste Mal auch die zweite Pfote kurz ab und bleibt dabei sitzen: **GUT**/**CLICK** und Leckerchen. Dann erst steigern Sie sekundenweise das ruhig Sitzen mit zwei abgelegten Pfoten.

Tipp

Vorsicht Falle

Üben Sie diesen Trick besser nicht in der Nähe von Essplätzen. Womöglich kommt Ihr Hund auf den Gedanken sein neues Können auch dort zu demonstrieren, was Sie energisch unterbinden sollten. Oder legen Sie ihm ein zusätzliches Gedeck auf …

ERZÄHL'S UNS Kleine Variante

Voraussetzungen   Diese kleine Herausforderung können all diejenigen ausprobieren, deren Hunde das Targetstick-Training kennen. Dabei lernt der Hund im Sitzen seine Pfoten und den Kopf abzulegen. Voraussetzung sind Schritt 1 und Schritt 2.

So wird's gemacht   Sobald der Hund im ruhigen **SITZ** beide Pfoten abgelegt hat, holen Sie den Targetstick hervor (zuvor am besten hinter dem Rücken verstecken) und halten ihn dem Hund so vor die Nase, dass er den Kopf leicht strecken muss. Es ist nicht erforderlich, dass er gleich bei den ersten Versuchen den Kopf komplett ablegt. Verstärken Sie schon deutliche Bewegungen in die gewünschte Richtung. Erhöhen Sie die Anforderungen dann schrittweise. Eventuell wird es für ein besseres Handling nötig scin, den Stick auf Bleistiftgröße zu bringen. Legen Sie ihn auf die Truhe, sodass der Hund seinen Kopf ebenfalls hinlegen muss, um den Stab zu berühren. Sobald der Hund dies zuverlässig zeigt, verbinden Sie seine Handlung mit einem neuen Wort, zum Beispiel **ENTSPANN DICH** oder einer eigenen Kreation. Zögern Sie dann die Dauer bis zum **GUT**/**CLICK** und dem Leckerchen ein wenig hinaus.

Ballspiel einmal anders

Hier lernt der Hund Ballspielen auf andere Weise kennen, nämlich mit Pfoten und Körpereinsatz!

Voraussetzungen und Hilfsmittel Der Hund kennt **TOUCH** auf dem blauen Fleck mit der Pfote. Geeignet ist diese Übung für temperamentvolle Hunde ebenso wie für ruhigere Genossen. Sie benötigen einen möglichst großen Ball, den der Hund entweder gar nicht oder nur schwerlich mit der Schauze greifen kann. Doch Vorsicht: Der Anpfiff sollte stets im Freien stattfinden ...

So wird's gemacht Kleben Sie den blauen Fleck auf den Ball und legen Sie ihn mit möglichst animierenden Worten vor den Hund und geben das Hörzeichen **TOUCH**. Laufen Sie dem Ball gemeinsam mit dem Hund hinterher, die meisten Hunde werden daran großen Spaß haben! Fordern Sie den Hund immer wieder möglichst begeistert auf, den Ball zu touchen. In der Regel wird dabei, außer eventuell bei den ersten Durchgängen, eine zusätzliche Belohnung gar nicht mehr nötig sein. Diese Spielform hat für den Beutegreifer Hund starken selbstbelohnenden Charakter, da er sein „Opfer" sozusagen immer wieder selbst zur Flucht antreiben kann und die Verfolgung für ihn einfach befriedigend ist. Mit den meisten Hunden kann man sich auf diese Weise richtige Fußballmatches liefern, was auch mit mehreren Personen und Kindern (bitte unter Aufsicht!) sehr lustig ist.

Falls Ihr Hund sehr wild mit dem Ball wird, achten Sie auf kurze Spieleinheiten und Pausen.

SCHIEBEN mit den Pfoten

Ebenso wie den Ball kann der Hund lernen, mithilfe des blauen Flecks alle möglichen Gegenstände zu bewegen. Das können kleine Kisten oder Kartons sein, Körbe, Eimerchen und so weiter. Die Vorgehensweise ist dieselbe wie beim Ballspielen: Blauen Fleck aufkleben, Hörzeichen **TOUCH** geben und zu Beginn auch leichte Berührungen mit der Pfote verstärken und belohnen. Rücksicht nehmen muss man dabei allerdings auf die Geräuschempfindlichkeit des individuellen Hundes: Für Tiere, die sich leicht erschrecken, ist diese Spielvariante nicht geeignet.

SCHIEBEN mit der Nase

Voraussetzungen Besser allerdings noch als mit der Pfote kann der Hund das Schieben mit der Nase lernen. Auch für dieses Spiel sollte der Hund das Targetstick-Training (siehe Seite 25) schon beherrschen.

So wird's gemacht Für die ersten Schritte benötigen Sie einen Gegenstand, der sich leicht in Bewegung setzt, sobald er berührt wird, wie einen kleinen Bollerwagen oder eine sehr leichte Plastikkiste. Halten Sie bei Ihren ersten Versuchen den Stick so nah an die Kiste oder den Wagen, dass er sich bei Berührung möglichst automatisch ein bisschen bewegt. Belohnen Sie zu Beginn leichte Berührungen mit der Nase, schließlich nur noch deutlichere. Geht der Hund immer zielsicherer vor, können Sie Hörzeichen **SCHIEBEN** einführen. Wählen Sie für weitere Spieleinheiten erst dann einen neuen Gegenstand, wenn der Hund den ersten ohne Unsicherheiten beherrscht und deutlich auf das Wortsignal reagiert.

Falls Sie den Fleck als Pfotentarget trainiert haben, müssen Sie für diese Übung erst ein Nasentarget aus einem anderen Material (z. B. ein Handtuch) trainieren.

Übungsplan Blauer Fleck / Targettraining Pfote

Schritte	Wie wird's gemacht?	Wo?	Wie oft / Wie lange üben?	Hilfe, es klappt nicht!	Lernziel
Schritt 1	BF (= Blauer Fleck) Hund zeigen und auf Boden legen. Falls Hund freies Formen nicht kennt und nichts anbietet, siehe unter „Hilfe, es klappt nicht!".	Ohne Ablenkung, ruhige Wiese, Hof oder Garten.	Zwischen jeder Trainingseinheit 2 bis 5 Minuten Pause, insgesamt max. 3 Trainingseinheiten am Stück.	Evtl. BF in Hand nehmen, falls Hund schon Pfote geben kann. Ansonsten BF z. B. auf großes gleichfarbiges Handtuch legen und Hund daraufführen. Dies gilt für clickerunerfahrene Hunde, die freies Formen nicht kennen.	Hund interessiert sich für BF und tritt darauf. Zur Not wird er geführt.
Schritt 2	Hund betritt BF, egal mit welcher Pfote.	Siehe oben.	Siehe oben.	Hund hat immer noch keine Idee? Evtl. Leckerchen aufs Handtuch werfen oder darunter verstecken.	Hund „patscht" mit Pfote auf BF.
Schritt 3	Entscheiden Sie sich: Beide Pfoten oder nur rechts oder links? Oder egal? Egal ist natürlich am einfachsten, eine Unterscheidung ist trainierbar (auch später noch änderbar), erfordert aber eine hohe Frustrationstoleranz vom Hund und einen guten Trainingsaufbau von Ihnen.	Siehe oben.	Siehe oben.	Nicht zu schnell den Ort des BF ändern.	Hund nimmt die gewählte Pfote.
Schritt 4	Der BF wird unterschiedliche positioniert, evtl. sogar schon einige Schritte weg.	Siehe oben.	Jeder Übungsschritt muss so lange wiederholt werden, bis er zuverlässig sitzt. Natürlich nicht am Stück, sondern in Trainingseinheiten von max. 10 Wiederholungen.	Nicht zu schnell vorgehen!	Hund kennt BF und geht ein paar Schritte hin.
Schritt 5	Hörzeichen einführen und BF evtl. verkleinern.	Siehe oben.	Siehe oben.	Immer nur eine Variable ändern, also z. B. neue Position ODER BF wird verkleinert ODER auf einen anderen Gegenstand gelegt.	Hund generalisiert Hörzeichen und BF, egal an welcher Position.

Zähne sind zum Tragen da!

Aufnehmen – Tragen – Bringen – Hergeben

Voraussetzungen und Hilfsmittel

Für diese spielerische, aber recht anspruchsvolle Übung ist es erforderlich, die Elemente Aufnehmen – Tragen – Bringen einzeln einzuüben. Je spiel- und apportierfreudiger ein Hund insgesamt ist, desto einfacher werden alle Schritte fallen, ein Versuch lohnt mit allen Hunden. Vom Menschen sind Geduld, etwas Fitness und eine möglichst klar abgezirkelte Vorgehensweise gefragt. Der Apportiergegenstand soll von der Größe zum Hund passen. Hat der Hund ein Lieblingsspielzeug, verwendet man idealerweise dieses. Außerhalb der Übungszeiten sollte es dem Hund nicht zur freien Verfügung stehen, da es sonst schnell unattraktiv werden kann.

Lernziel 1

Schritt 1

Der Hund nimmt einen Gegenstand auf.

Viele Versuche, das Aufnehmen – Tragen – Bringen – Hergeben von Gegenständen beizubringen, scheitern daran, dass zu viele Lernziele auf einmal angestrebt werden und dem Hund der Spaß an der Sache nicht ausreichend vermittelt wird. Versuchen wir es also, wie immer, mit großer Freude über kleine Fortschritte. Nehmen Sie in ablenkungsfreier Umgebung das Lieblingsspielzeug Ihres Hundes zur Hand. Ihr Hund trägt eine Hausleine oder eine leichte Führleine. Ziehen Sie das Spielzeug in spielerischen Bewegungen über den Boden. Sobald er es aufnimmt, loben Sie ihn ausgiebig, machen aber keinerlei Anstalten, es abzunehmen. Wichtig in dieser Phase ist, dass der Hund den Spaß am Spiel ganz konkret mit dem Menschen verknüpfen lernt – daher auch die leichte Leine. Denn viele Hunde streben danach, mit dem Spielzeug vom Menschen wegzulaufen, und genau das steht diesem Ziel im Wege. Nehmen Sie also die Leine auf und laufen ein paar rasche Schritte gemeinsam mit dem Hund. Lässt er sein Spielzeug fallen, so greifen Sie schnell und mit den höchsten Tönen der Begeisterung danach, ziehen es erneut rasch über den Boden, um wieder Interesse zu wecken. Greift er danach, loben Sie erneut und laufen ein kleines Stückchen gemeinsam. Lässt Ihr Hund sein Spielzeug partout nicht fallen, greifen Sie zu folgendem Trick: Stecken Sie sich ein zweites, möglichst identisches Spielzeug in die Tasche. Ziehen Sie dieses urplötzlich heraus und machen es für den Hund interessant. In aller Regel wird er das erste fallen lassen. Sobald er nach dem neuen Spielzeug greift, loben Sie ihn überschwänglich und lassen das erste schnell in Ihrer Jacke verschwinden. Auf diese Weise können Sie mehrere Spielrunden hintereinander gestalten.

Bei wenig apportierfreudigen Hunden ist ein Futterbeutel zu Beginn die beste Wahl.

Schritt 2

Nun wird das Aufnehmen mit einem Hörsignal verknüpft. Haben Sie in der Vergangenheit bereits weniger erfolgreiche Versuche in dieser Hinsicht unternommen, empfiehlt sich die Wahl eines neuen, unbelasteten Wortes: **NIMM'S**, **TAKE** o. Ä. Machen Sie das Spielzeug in gleicher Weise wie in Schritt 1 für den Hund interessant. Es ist sehr effektiv, wenn Sie sich bereits unter möglichst freudiger Stimmung auf den Schrank zu bewegen, in dem das Spielzeug eventuell verwahrt wird. Tun Sie so, als könnten Sie das Wiedersehen mit dem Ball o. Ä. gar nicht mehr abwarten und begrüßen diesen dann, wie einen schon lang vermissten, guten alten Freund. Anders als Ihre Mitmenschen, die dabei ja nicht zusehen müssen, wird Ihr Hund Sie deswegen ganz und gar nicht für albern halten! Sobald der Hund sein Spielzeug in den Fang nimmt, geben Sie das entsprechende Wortsignal (**NIMM'S**) und loben freudig. Vergessen Sie auch in dieser Lernphase die Leine und kleine, gemeinsame Laufeinlagen nicht. Lässt Ihr Hund sein Spielzeug fallen, greifen Sie rasch danach, ziehen es begeistert über den Boden. Geben Sie Hörzeichen **NIMM'S** genau dann, wenn der Hund sein Spielzeug aufnimmt. Wer möchte oder muss, kann nach wie vor mit einem zweiten Spielzeug wie in Schritt 1 üben.

Nehmen Sie Ihrem Hund das Spielzeug auf keinen Fall aus dem Fang, sondern greifen nur dann danach, wenn er es ohnehin fallen lässt. Beenden Sie jede Übungseinheit, während Sie in Ballbesitz sind (und bleiben). Machen Sie das Spielzeug noch einmal richtig spannend, indem Sie es zum Beispiel für sich allein in die Luft werfen und regelrecht bejubeln – ohne, dass der Hund es erhaschen kann. Dann schließen Sie es kommentarlos weg.

Lernziel 2   Der Hund trägt einen Gegenstand länger und bewegt sich damit auf den Menschen zu.

Schritt 1   Hier benötigen Sie ein zweites entweder identisches oder in seiner Attraktivität gleichwertiges Spielzeug des Hundes, das Sie in Jacke oder Hose versteckt haben. Der Hund trägt außerdem eine ca. zwei Meter lange, leichte Leine. Wieder wird das Spielzeug schon beim Hervorholen so attraktiv wie möglich gemacht und dann über den Boden gezogen. Greift er es, folgt Hörzeichen **NIMM'S**. Jetzt soll das Halten des Spielzeugs und die Bewegung auf den Menschen zu verstärkt werden. Laufen Sie, sobald der Hund seinen Ball usw. im Fang hält, mit der Leine in der Hand unter großem Hallo vom Hund weg. Ihr Hund hat durch die Übungen in Schritt 1 schon gelernt, dass das gemeinsame Laufen dazugehört und außerdem Spaß bringt. Nun soll er lernen, dass Sie keineswegs vorhaben, ihm das geliebte Spielzeug wegzunehmen, sobald er auf Sie zuläuft. Gehen Sie dazu zwei, drei Schritte rückwärts.

Kommt der Hund bei Ihnen an, loben Sie ihn ausgiebig. Extreme Körpernähe muss nicht sein, außer Sie haben einen Hund, der dies

Info

Stimmungs-übertragung

Bei kaum einer Übung ist die Stimmungsüber-tragung vom Menschen auf den Hund so wichtig und hilfreich wie beim Aufnehmen – Tragen – Bringen – Hergeben von Gegenständen. Je groß-artiger Sie selbst das Spielzeug finden und außerdem jede richtige Handlung des Hundes begeistert kommentieren, desto lieber und motivier-ter wird er lernen.

Je begeisterter Sie vom Apportel sind, umso mehr wird Ihr Hund es lieben lernen.

Tragedauer nur
langsam steigern!

als sehr angenehm empfindet, was keineswegs bei allen Vierbeinern der Fall ist. Setzen Sie lieber auf die Macht der Stimme und tätscheln den Hund lediglich kurz an der Seite, sobald er bei Ihnen ist. Lässt er sein Spielzeug nun von sich aus fallen, greifen Sie es rasch, machen ihn wieder heiß darauf und geben im richtigen Moment Hörzeichen **NIMM'S**. Folgende Verknüpfung wird dabei angestrebt: „Der Spaß ist nicht vorbei, wenn ich zu Frauchen oder Herrchen komme, sondern geht weiter!"

Mit Hunden, die ihr Spielzeug nicht von sich aus fallen lassen, gehen Sie wie folgt vor: Haben Sie einige Schritte rückwärts gemacht und der Hund ist bei Ihnen angekommen, holen Sie das zweite Spielzeug heraus und ziehen es über den Boden. Lässt der Hund das erste fallen und greift nach dem zweiten, folgen Hörsignal **NIMM'S** und Lob. Das erste Spielzeug wird in der Kleidung versteckt und die Übung neu aufgebaut: Mit Leine vom Hund weglaufen, einige Schritte rückwärtsgehen, Hund fürs Folgen und Ankommen freudig loben. Beenden Sie die Übungseinheit nie direkt, nachdem Ihr Hund auf Sie zugelaufen ist. Machen Sie das Spielzeug (oder alternativ das zweite) nochmals spannend, ohne dass der Hund es bekommt, und verstauen es dann.

Schritt 2

Nun wird das Hörzeichen **BRING'S** aufgebaut. Üben Sie in der unter Schritt 1 eingeführten Weise. Sobald Ihr Hund immer freudiger mit seinem Spielzeug auf Sie zu läuft, ist der passende Zeitpunkt gekommen, dafür ein Hörsignal einzuführen. Unterlegen Sie

Tausch gegen ein ähnliches Spielzeug bei Hunden, die nicht so gern hergeben.

nun also jedes zielgerichtete Laufen in Ihre Richtung mit dem Spielzeug im Fang mit einem freundlichen **BRING'S** (oder einem anderen – stets gleichem Wort). Immer noch folgen dem Bringen wie oben ausschließlich Lob und eine erneute Spieleinladung, wenn nötig mit dem zweiten Spielzeug. Der Hund soll mit **BRING'S** nur positive Assoziationen verknüpfen! Brechen Sie das Spiel daher nie unmittelbar nach dem Hörzeichen **BRING'S** ab. Bevor Sie zum nächsten Schritt gehen, gilt es, ausdauernd zu sein und fleißig die gewünschte Verknüpfung zu trainieren.

Lernziel 3

Schritt 1

Der Hund soll lernen, sein Spielzeug herzugeben.
Dazu haben Sie im Grunde schon alles vorbereitet und benötigen neben dem zweiten Spielzeug in dieser Phase nur noch etwas Konzentration. Üben Sie diesen Schritt zielstrebig: Der Hund läuft an der Leine und mit Spielzeug auf Sie zu, Sie geben Hörzeichen **BRING'S**. Kommt der Hund bei Ihnen an, folgen Lob und gleichzeitiges „Hervorzaubern" des zweiten Spielzeugs, lässt er das erste Spielzeug fallen, stecken Sie dieses rasch ein und spielen weiter.

Schritt 2

Nun wird das Hergeben mit einem Hörsignal verknüpft. Lässt Ihr Hund sein Spielzeug fallen, weil er das zweite haben möchte, so geben Sie just in diesem Moment Hörsignal **AUS**. Wiederum dient das Hörzeichen noch nicht dazu, den Hund zu einer Handlung aufzufordern. Er soll erst die Möglichkeit bekommen, sein Tun mit einem Wort zu verbinden, auf das nach einiger Übung und vielen Wiederholungen dann ganz selbstverständlich zurückgegriffen werden kann. Sollten Sie **AUS** in der Vergangenheit bereits mit eher

Ist AUS in der Vergangenheit nicht so fleißig trainiert worden, fangen Sie mit einem neuen Hörzeichen von vorn an.

mäßigem Erfolg verwendet haben, so überlegen Sie für dieses Lernziel besser ein neues, unbelastetes Wort – wessen Hund **AUS** hingegen zuverlässig befolgt, der kann das Hörzeichen selbstverständlich einsetzen. Damit keine unerwünschte Verknüpfung beim Hund stattfindet, muss in dieser Lernphase weiterhin darauf verzichtet werden, das Spiel direkt nach dem **AUS** zu beenden. Viele Hunde haben gelernt, dass der Spaß genau dann endet, wenn sie auf den Menschen zulaufen und ihr Spielzeug „herausrücken". Daher vermeiden sie dies und rennen lieber mit ihrer Beute vom Menschen weg – und genau das soll verhindert werden. Beenden Sie jede Spielrunde also nach wie vor stets damit, das Spielzeug nochmals interessant zu machen. Je häufiger Sie nun an der Verknüpfung des neuen Hörzeichens arbeiten, desto schneller wird Ihr Hund **AUS** lernen und – da dem Wort ja immer Angenehmes folgt – auch befolgen.

Testübung zur ganzen Handlungskette

Die Kombination von Aufnehmen – Tragen – Bringen – Hergeben ist für jeden Hundefreund eine kleine Herausforderung. Nur allzu verständlich, dass man bei aller planvollen Herangehensweise einfach einmal testen möchte, wie gut der Hund das Ganze eigentlich schon befolgt. Sind Sie mit Lernziel 3 fleißig bei der Sache, üben regelmäßig und mit Freude für alle Beteiligten, können Sie die Probe aufs Exempel machen: Lassen Sie die leichte Trainingsleine, die nun nicht mehr in der Hand gehalten werden muss, am Hund. Machen Sie ihn auf sein Spielzeug aufmerksam und werfen es dann zwei bis drei Meter weg. Sobald der Hund es aufgreift, loben Sie ihn und gehen gleichzeitig einige schnelle Schritte von ihm weg. Läuft er mit seiner Beute freudig auf Sie zu, ist natürlich große Begeisterung angesagt und die Fortsetzung des Spiels bei Ihnen. Je nachdem, ob der Hund sein Spielzeug schon freiwillig abgibt, kann entweder mit diesem weitergespielt oder das zweite herausgeholt werden. Haben Sie und Ihr Hund diesen kleinen „Freiwilligkeitstest" bestanden, ist es an der Zeit für eine Gratulation! Nun können erste Übertragungsübungen in Angriff genommen werden.

Training mit dem Futterbeutel

Wenn der Hund nicht ausgeben möchte

Immer wieder gibt es Hunde, die ihre Beute beim Spielen höchst ungern hergeben. Für diese Kandidaten lohnt sich das Training mit einem Futterbeutel. Dieser ähnelt einem Schlampermäppchen für Schüler und kann mit einem Reißverschluss verschlossen werden. Befüllt wird er mit kleinen, möglichst schmackhaften und gut riechenden Leckerchen. Gut sortierte Händler haben Futterbeutel in aller Regel im Angebot. Nehmen Sie den Futterbeutel eine Woche lang mehrmals täglich hintereinander

Futterbeutel bringen lohnt sich – das verstehen die meisten Hunde sehr schnell!

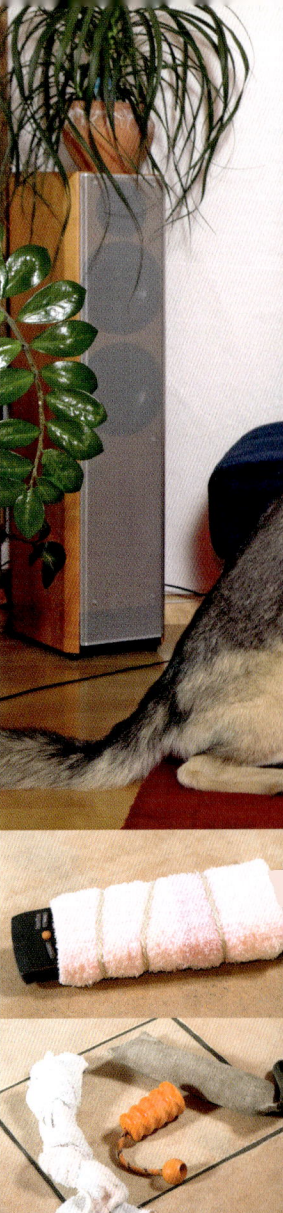

zur Hand. Am besten ersetzt sein Inhalt die übliche Futtermenge. Rufen Sie den Hund mit dem Beutelchen in der Hand, geben ihm ausgiebig Gelegenheit, daran zu schnuppern, ohne es herzugeben, öffnen es, lassen den Hund einige wenige Häppchen daraus fressen und verschließen es wieder. Wiederholen Sie dies mehrmals täglich. Nach einigen Tagen dann bringen Sie den Futterbeutel als Beute ins Spiel und ziehen ihn über den Boden, sodass der Hund ihn greifen kann. Es ist wirklich erstaunlich, wie schnell und bereitwillig viele Hunde lernen, den Beutel ganz ohne Gezeter und Hörzeichen herzugeben, weil sie wissen, dass der Reißverschluss nur vom Menschen geöffnet werden kann! Sobald der Hund seinen Fang öffnet und den Futterbeutel freigibt, folgt Lob und natürlich gibt es ein paar Happen direkt aus dem Beutel, bevor dieser wieder geschlossen wird. Nach einigen weiteren Tagen und steigender Bereitwilligkeit des Hundes den Beutel herzugeben, können Sie zur Verknüpfung ein Hörzeichen wie **AUS** o. Ä. einführen. Die folgende Belohnung aus dem Beutelchen bleibt obligatorisch. Wer möchte, kann Aufnehmen – Tragen – Bringen – Hergeben auch ausschließlich mit dem gefüllten Futterbeutel einführen und aufbauen. Dazu muss der Hund, wie hier beschrieben, diesen zuerst als eine Art Futterspender kennen und verknüpfen lernen, bevor er als Spielbeute, etwa anstelle eines Kong-Balles, in die Übungen mit eingebaut wird.

Übertragungsübung

Voraussetzung   Sind Sie mit dem Erreichten zufrieden und haben die kleine Testübung glücklich „bestanden", ist es Zeit für Übertragungsübungen mit anderen Gegenständen.

So wird's gemacht   Versuchen Sie es zunächst mit ein bis zwei klassischen Hundespiel-
Schritt 1   zeugen, die Ihr Hund kennt. Haben Sie Erfolg, empfiehlt sich die Anschaffung eines sogenannten Dummys. Dieser ist weich, sodass die meisten Hunde ihn gern in den Fang nehmen, und kann für den Aufbau weiterer Tricks wunderbar genutzt werden. Spielen und üben Sie mit dem Dummy in der eingeführten Weise. Wer möchte, kann auch jetzt noch die leichte Leine am Hund lassen.
Ihr Hund nimmt nur sehr ungern neue Gegenstände ins Maul? Es gibt Dummys mit echtem Hasen- oder Lammfell im Handel, die bei den allermeisten Hunden sehr beliebt sind.

Hier ist die Fernbedienung zu Beginn mit einem Tuch umwickelt. Das schützt die Fernbedienung und erleichtert dem Hund das Aufnehmen.

Schritt 2

Nun soll der Hund schrittweise auf etwas härtere und für ihn ungewöhnliche Gegenstände vorbereitet werden. Funktioniert das Spiel mit dem Dummy gut, wird dieser präpariert: Dazu kann man ihn aufschneiden, einen Gegenstand hineinlegen und mit soliden Gummibändern wieder verschließen. Der Hund sollte mit den Zähnen noch keinen direkten Kontakt zu etwas anderem als dem Dummy haben. Empfehlenswert ist eine alte Fernbedienung, ein Handy oder ein ähnlich flacher, fester Gebrauchsgegenstand. Üben Sie eine Weile damit.

Schritt 3

Geht alles gut, so nehmen Sie die nächste Hürde: Verpacken Sie die Fernbedienung in ein kleines Handtuch (ebenfalls mit Gummibändern gut verschließen) und üben das Bringen damit. Da das Spiel mit härteren Gegenständen für den Hund zumeist nicht

Wichtig

Abwechslungsreich üben

Keinesfalls darf das Ganze in dieser Phase zu statisch werden und nur noch im Hinterherlaufen, Aufnehmen, Bringen und Abgeben der Beute bestehen. Nicht alle Hunde sind zum Apportieren geboren! Vielen Vierbeinern wird diese monotone Spielform schnell langweilig, sie werfen im wahrsten Sinne des Wortes das Handtuch und spielen einfach nicht mehr mit.

attraktiv ist, soll das Spiel mit dem eigentlichen Hundespielzeug als Belohnung dienen. Sobald der Hund den Apportiergegenstand hergibt, holen Sie die bis dahin in Jacke oder Hose versteckte Spielbeute hervor und spielen damit. Ist Ihr Hund gut mit Leckerchen zu motivieren, können auch einige gute Häppchen das Spiel ersetzen. Wer mag, kann dem Hund die Leckerlis zur Belohnung wegwerfen oder rollen, eine Belohnungsform, die von futterliebenden Tieren sehr geschätzt wird.

Schritt 4

Bei weiterem Erfolg können Sie das Handtuch durch ein weniger weiches Geschirrhandtuch ersetzen. Hat der Hund damit kein Problem, versuchen Sie es ganz ohne doppelten Boden und trainieren das Apportieren ausschließlich mit der Fernbedienung. Sollte eine Übungs- oder Lernstufe partout nicht klappen, lassen Sie diese einfach für ein paar Tage oder auch länger beiseite und konzentrieren sich stattdessen auf Spiele und Tricks, die der Hund gut macht. Es gibt schließlich keine Hundebibel, die vorschreibt, wie weit Sie und Ihr Hund mit einer bestimmten Übung kommen müssen. Und daneben kann und darf man auch mit dem halbem Weg zufrieden sein.

Tipp

Nicht knautschen lassen

Wer das Bringen der Fernbedienung üben möchte, sollte sich sicher sein, dass sein Hund nicht auf Apportiergut „herumknautscht" und dieses so versehentlich kaputtmacht.

NIMMS sollte schon gut etabliert sein, bevor Sie sich an diese Übung wagen.

Spielzeug aufräumen

Voraussetzung

Bevor man mit dieser schönen Übung beginnt, sollte der Hund sein Lieblingsspielzeug gern bringen und hergeben. Haben Sie schon mit ein bis zwei weiteren Spielzeugen des Hundes Aufnehmen – Tragen – Bringen – Hergeben geübt, ist dies hilfreich, aber nicht unbedingt erforderlich.

So wird's gemacht

Schritt 1

Nehmen Sie eine kleine Plastikkiste zur Hand und stellen diese direkt neben sich. Dann laden Sie Ihren Hund in der gewohnten Weise mit seiner „Lieblingsbeute" zum Spiel ein, werfen diese ein paar Meter weg und geben Hörsignal **BRING'S**. Positionieren Sie die Kiste so, dass der Hund gar nicht anders kann, als sein Spielzeug dort abzulegen und geben das Hörzeichen **AUS**. Genauso gut können Sie dem Hund die Kiste beim **AUS** direkt vor den Kopf halten. Wichtig ist dann, das Geräusch, das beim Fallen der Beute in die Kiste entsteht, als Orientierungssignal für den Hund zu nutzen: Dieses Geräusch soll er mit dem gewünschten Verhalten verknüpfen und daher müssen **GUT**/**CLICK** und Futterbelohnung

Belohnen Sie Ihren
Hund großzügig!

unmittelbar erfolgen. Üben Sie dies eine Weile: **BRING'S**, **AUS**,
Plopp (Fall-Geräusch), Verstärkung und Belohnung. Nehmen Sie
dann andere, dem Hund bekannte Spielsachen und trainieren das
Aufräumen mit diesen.
Danach stellen Sie die Kiste einige Zentimeter neben sich auf den
Boden und deuten hinein, wenn der Hund mit seinem Spielzeug
auf Sie zuläuft.

Schritt 2   Klappt dies zuverlässig, können Sie die Position der Kiste ein weiteres Mal leicht verändern. Bleiben Sie aber während der ersten Zeit
stets neben der Kiste, um den Hund, der sich daran gewöhnt hat,
seine Beute direkt zu Ihnen zu bringen, nicht zu verwirren. In dieser Phase können Sie ein Hörzeichen (z. B. **RÄUM SCHÖN AUF**)
einführen, das nun immer dann gegeben wird, wenn der Hund die
gewünschte Handlung zeigt.

Schritt 3   Lässt der Hund innerhalb dieser Lerneinheit keinerlei Unsicherheit
mehr erkennen, beginnen Sie mit leichten Distanzübungen und
stellen die Kiste 30 bis 40 Zentimeter von sich weg. Werfen Sie das
Spielzeug, geben Hörzeichen **RÄUM SCHÖN AUF** und zeigen
deutlich auf die Kiste, sobald der Hund zurückkommt. Auf das
Plopp folgen Verstärkung und Belohnung. Wer Lust hat, kann noch
an der Distanz trainieren und üben, die Kiste stückchenweise weiter
wegzustellen, bis diese schließlich frei im Raum steht und der Hund
gebeten wird: **RÄUM SCHÖN AUF**.

Wäscheklammern aufräumen

Voraussetzung Aufnehmen – Bringen – Tragen – Hergeben ist eingeführt. Der Hund bringt schon einen Gegenstand, der in einem Handtuch verpackt ist (siehe Übertragungsübungen). Diese Übung eignet sich gut für kleinere Hunde und für solche, die bei Apportierspielen bedächtig vorgehen.

So wird's gemacht
Schritt 1
Nehmen Sie eine Wäscheklammer zur Hand, umwickeln diese mit einem kleinen Handtuch und fixieren das Ganze mit einem Gummiband. Optimalerweise haben Sie mit diesem Handtuch bereits geübt und es ist dem Hund bekannt. Werfen Sie es weg und belohnen den Hund.

Schritt 2
Zeigt er keine Unsicherheit mehr, so ersetzen Sie das verwendete Handtuch durch ein dünneres Tuch, mit dem die Wäscheklammer umwickelt wird, damit er sich schrittweise an das neue „Maulgefühl" gewöhnen kann. Trainieren Sie so eine Weile weiter.

Schritt 3
Schließlich versuchen Sie es erstmals ganz ohne Tuch. Behalten Sie alle äußeren Parameter wie die bekannten Hörzeichen, Ihre freudige Motivation und Lob unbedingt unverändert bei. Bringt Ihr Hund das erste Mal die Wäscheklammer zu Ihnen, hat er sich eine ganz besonders leckere Belohnung verdient!

Schritt 4
Dann nehmen Sie einen kleinen Eimer zur Hand und stellen diesen direkt vor sich. Halten Sie diesen dem Hund beim Bringen so vor die Nase, dass er gar nicht anders kann, als die Wäscheklammer bei Hörzeichen **AUS** in den Eimer fallen zu lassen. Achten Sie darauf, den Eimer nicht zu dicht vor die Hundeschnauze zu halten – dies kann manche Hunde zu Beginn verunsichern. Bemühen Sie sich, die Klammer mit dem Eimerchen aufzufangen. In jedem Fall soll der Hund nun das Geräusch beim Fallen mit der richtigen Handlung verbinden, weswegen genau in diesem Moment Verstärkung (**GUT**/**CLICK**) und Belohnung kommen müssen. Daher wie beim Spielzeugaufräumen: **BRING'S**, **AUS**, Plopp, Verstärkung und Belohnung. Trainieren Sie dies eine Weile mit Eimer in der Hand, bis Sie diesen vor sich auf den Boden stellen können und der Hund die Wäscheklammer hineinwirft. Deuten Sie dabei stets auf den Eimer, wenn der Hund mit Wäscheklammer auf Sie zuläuft. Klappt dies zuverlässig, können Sie ein Hörzeichen einführen, wie z. B.

WÄSCHEKLAMMER und dann beim Üben die Position des Eimers leicht verändern, ihn einmal leicht nach links, mal nach rechts neben sich stellen. Belohnung und Verstärkung nicht vergessen! Auch hier kann nun schrittweise an der Distanz gearbeitet werden, indem diese langsam und stetig vergrößert wird.

Schritt 5

Hat Ihr Hund Spaß an diesem Spiel, können Sie auch mehrere Wäscheklammern auf dem Boden auslegen, den Eimer dazustellen und schließlich den Hund dazuholen. Hat er schon verstanden, die Klammern vom Boden aufzuheben und in den Eimer zu räumen? Sollte er es dabei nicht bis zur Meisterschaft bringen, ist das natürlich kein Grund zum Verdruss. Gerade bei diesen Spielübungen entwickeln viele Hunde oft ganz unvorhergesehene Eigenkreationen.

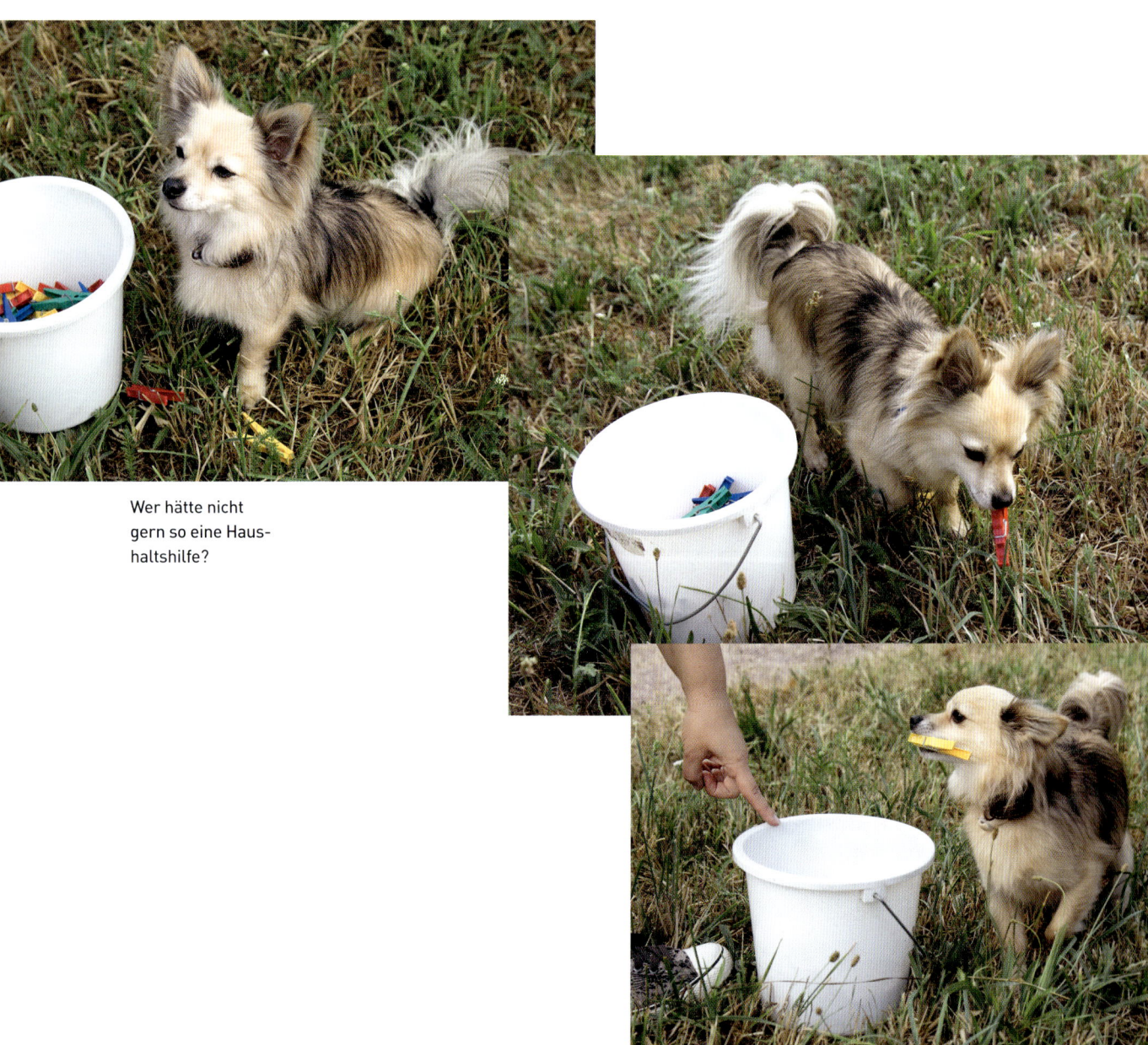

Wer hätte nicht gern so eine Haushaltshilfe?

Wäsche aufräumen

Voraussetzung   Aufnehmen – Bringen – Tragen – Hergeben hat der Hund schon mit verschiedenen Spielzeugen kennengelernt.

So wird's gemacht
Schritt 1   Nehmen Sie ein Handtuch. Für den Anfang kann es hilfreich sein, ein bis zwei Knoten hineinzumachen, damit der Hund sich an ein Spielzeug erinnert fühlt. Dann bringen Sie das Tuch als Apportiergegenstand ins Spiel. Bringt der Hund das Handtuch freudig zu Ihnen, nehmen Sie eine kleine Box, eine Kiste, einen Wäschkorb oder einen Eimer zur Hand. Werfen Sie das Tuch weg und halten dem Hund beim Zurückkommen die Box so vor den Kopf, dass er es dort ablegen muss. Jedes richtige Ablegen wird verstärkt und mit einem Hörzeichen verknüpft (z. B. **WÄSCHE**).

Schritt 2   Dann stellen Sie die Box zunächst direkt vor sich, im weiteren Übungsverlauf leicht nach links oder rechts. Erhöhen Sie dabei die Distanz zwischen Ihnen und der Box stets nur so weit, wie der vorherige Erfolg dies gestattet.

Schritt 3   Üben Sie dann mit ähnlichen Gegenständen wie alten Socken, T-Shirts usw. Je nach Eifer des Hundes führen Sie weitere Stoff- oder Kleidungsgegenstände ein und trainieren das Bringen damit. Je nach Lust und Laune können Sie wie oben beschrieben an der Distanz trainieren oder mehrere Wäschestücke auf den Boden legen und den Hund auffordern, diese in die Box zu räumen.

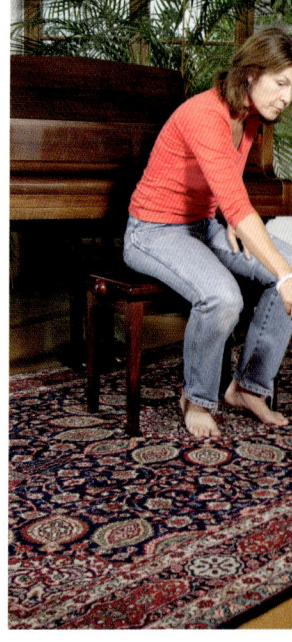

Zeitung, Fernbedienung und Schuhe bitte!

Voraussetzungen   Waren Sie fleißig und Ihr Hund bringt bereits verschiedene Gegenstände, können Sie die Übung auf praktische Alltagsgegenstände ausdehnen wie Zeitung oder Fernbedienung. Dazu sollte der Hund schon gelernt haben, einen Gegenstand zu apportieren, der mit einem Handtuch umwickelt ist. Gehen Sie nun ebenso mit der zusammengerollten Zeitung, der Fernbedienung o. Ä. vor. Verwenden Sie zum Umwickeln zuerst ein weiches Frottehandtuch (mit Gummiband fixieren) und und steigen dann auf ein dünneres Geschirrhandtuch um. Nach einer kurzen Weile erfolgreichen Trainings wird es in der Regel möglich sein, das Handtuch wegzulassen. Wer es einmal mit Schuhen probieren will, greift für die ersten Übungsschritte – ganz ohne Handtuch – am besten zu weichen Pantoffeln und erst im Laufe der Zeit zu Straßenschuhen.

Zu Beginn lassen Sie Ihren Hund mit weichen Schuhen üben.

Übungsplan zum Apportieren

Schritte	Wie wird's gemacht?	Wo?
Schritt 1	Spielzeug/Futterbeutel (je nachdem, an was Ihr Hund mehr Interesse hat) über den Boden ziehen, interessant machen, selbst damit spielen, sich darüber freuen. Beißt Ihr Hund hinein oder bei sehr vorsichtigen Hunden, wenn er schnuppert, **CLICK**.	Ruhige Umgebung ohne Ablenkung.
Schritt 2	Halten Sie das Apportel vor den Hund, jegliches Maulöffnen wird belohnt!	Siehe oben.
Schritt 3	Geben Sie Ihrem Hund das Apportel ins Maul, Click nach 1 bis 2 Sekunden festhalten.	Siehe oben.
Schritt 4	Haltedauer sekundenweise steigern.	Siehe oben.
Schritt 5	Apportel ein wenig weiter weg halten, sodass sich der Hund etwas bewegen muss (evtl. nur Kopf und Hals), damit er es nehmen kann.	Siehe oben.
Schritt 6	Apportel auf den Boden legen und Tragedauer vergrößern.	Siehe oben.
Schritt 7	Apportel auf den Boden legen und zwei Schritte rückwärts gehen, damit Hund es hinterherbringt.	Siehe oben.
Schritt 8	Entfernung steigern, evtl. Apportel jetzt vorsichtig wegwerfen, parallel Hörzeichen einführen.	Ablenkung und Übungsorte langsam variieren.

Wie oft / Wie lange üben?	Hilfe, es klappt nicht!	Lernziel
Jeder Übungsschritt muss so lange wiederholt werden, bis er zuverlässig sitzt. Natürlich nicht am Stück, sondern in Trainingseinheiten von max. 10 Wiederholungen.	Legen Sie das Apportel für den Hund unerreichbar auf ein Regal. Mehrmals täglich laufen Sie vollkommen begeistert zu ihm hin, nehmen es auf, bewundern es. Werfen Sie es in die Luft, spielen Sie damit, freuen sich sich! Beachten Sie Ihren Hund dabei überhaupt nicht, bis er vor Neugierde fast platzt!	Hund nimmt Apportel kurz ins Maul.
Siehe oben.	Bei seelisch robusten Hunden mit viel Vertrauen in den Menschen können Sie das Apportel für eine winzige Sekunde ins Maul legen (Fang sanft öffnen, Apportel hinein, sofort **CLICK** und Freudenfeuer. Lassen Sie eine Hilfsperson clicken.	Hund nimmt Apportel für einen Moment ins Maul.
Siehe oben.	Weiterhin bereitwilliges Nehmen trainieren, noch kein Halten verlangen.	Hund hält Apportel für 1 bis 2 Sekunden.
Siehe oben.	Mehr Stimmungsübertragung! Wir haben schon den apportierunwilligsten Hunden die Begeisterung am Apportieren „eingeredet".	Hund hält Apportel ein klein wenig länger.
Siehe oben.	Abstand nur ganz langsam erhöhen.	Hund nimmt Apportel auch aus anderen Positionen.
Siehe oben.	Nur eine Variable auf einmal ändern: Entweder den Aufnahmeort ODER die Tragedauer ODER die Ablenkung.	Hund hebt Apportel vom Boden aus auf.
Siehe oben.	Immer noch Stimmungsübertragung nutzen, ansonsten zurück zu den vorherigen Schritten.	Hund nimmt Apportel auf und bringt es ein paar Schritte.
Siehe oben.	Immer noch gilt: Nur eine Variable auf einmal ändern!	Hund holt Apportel und bringt es.

Gehirnjogging für Hunde

Völlig zurecht ist Gehirnjogging für Menschen schon seit einigen Jahren in aller Munde. Der Nutzen des ständigen Lernens im Hinblick auf den geistigen Alterungsprozess ist erwiesen – geistig und sozial aktive Menschen, die viel lesen, lebenslanges Lernen praktizieren und Spiele spielen, in denen es um das Lösen von Problemen geht, leiden weitaus weniger an Funktionsverlusten des alternden Gehirns und Geistes. Untersuchungen, die bei regelmäßiger geistiger Anregung eine deutliche Verlangsamung der Alterung festgestellt haben, gibt es mittlerweile auch für den Hund. Noch ein Grund mehr für Beschäftigungsformen zu plädieren, die den Charakter von Strategiespielen haben. Die folgenden Übungen sind gut für die Wohnung geeignet, können aber bei entsprechender Konzentrationsbereitschaft des Hundes ebenso gemeinsam im Garten gespielt werden.

Voraussetzungen und Hilfsmittel

Sie benötigen dazu zunächst verschiedene leere Pappkartons unterschiedlicher Größe und zusammengeknülltes Zeitungspapier. Es eignet sich hierzu eigentlich alles, was zuvor keine schädlichen Stoffe enthielt, wie etwa Papiertücher-, Schuh- und Handykartons, alte Umzugskisten. Optimalerweise beginnt man mit Strategiespielen, wenn der Hund eventuell durch Clicker, Targettraining und/oder erste Kistenübungen (siehe Seite 138) schon auf diese neue Form der Beschäftigung umschaltet, sobald man sich ihm in entsprechender Weise widmet. Der Hund sollte mit keinem der Strategiespiele sich selbst überlassen werden. Hilfreich sind erste Erfahrungen mit dem Hörzeichen **SUCH'S** mit einfach gelegten Spuren (siehe Seite 171). Dies und die stete Anwesenheit des Menschen in Verbindung mit einer klaren Erlaubnis (z. B. **SUCH'S**), den Kartons auf den Leib zu rücken, gewährleistet, dass der Spielcharakter erhalten bleibt und Beschäftigungen dieser Art keine unerwünschten Nebenwirkungen haben. Problematisch können solche Spiele für Hunde sein, die unter Zerstörungswut leiden, Frust und Angst beim Alleinsein auf destruktive Art abbauen oder beim Üben völlig außer Rand und Band geraten, was allerdings sehr selten vorkommt. Haben Sie einen Hund, der regelmäßig Dinge zerstört, so sollten Sie mithilfe eines Erziehungsexperten den Ursachen auf den Grund gehen und individuelle Lösungen erarbeiten. Auch wenn Ihr Hund nicht zu solchem Verhalten neigt, empfiehlt es sich, alle Übungskartons nach dem Training wieder wegzuräumen.

Ein anspruchsvolles Spiel: Die Schieber müssen mit der Nase nach oben geschoben werden, damit das Leckerchen herausfällt.

Karton öffne Dich!

Hilfsmittel   Hierzu benötigen Sie einen Karton mit Deckel, der etwa die Größe eines Schuhkartons haben sollte.

So wird's gemacht Lassen Sie Ihren Hund dabei zuschauen, wie Sie ein besonders
Schritt 1   begehrenswertes Leckerchen in dem Karton verschwinden lassen. Das sollten Sie ihm zuvor ruhig mit lockenden Worten vor die Nase gehalten haben, damit er erkennen kann, dass der Happen tatsächlich für ihn bestimmt ist. Verschließen Sie nun den Karton, motivieren den Hund mit **SUCH'S** und schauen, was passiert. Wenn Sie mehrere Hunde haben und dies nacheinander trainieren, wer-

den Sie feststellen, dass jeder seine ganz eigene Strategie entwickelt. Der eine geht zielstrebig mit Zähnen und Pfote gleichzeitig ans Werk und hat den Karton innerhalb weniger Sekunden geöffnet, was gar nicht so selten ist. (Einer unserer ersten Hunde war sogar imstande Nutella-Gläser, die er zwischen den Pfoten fixierte, mit den Zähnen aufzudrehen, was natürlich nicht gewollt war.) Ein anderer Hund, der bei dieser Übung mit bloßem Schnuppern und an den Karton stoßen nicht weiterkommt, wirft Ihnen wahrscheinlich Hilfe suchende Blicke zu und versucht dadurch, Unterstützung zu bekommen – was ja ebenfalls eine durchaus kluge und mit Sicherheit erprobte Strategie darstellt. Und helfen im Sinne von „Den Hund leichter zum Erfolg kommen lassen", dürfen Sie ja! Nehmen Sie also den Karton, verschließen ihn nun aber nicht mehr ganz. Stattdessen legen Sie den Deckel einfach obendrauf, sodass

Ihr Hund ihn mit Pfote und/oder Schnauze wegschieben kann. Selbstverständlich können Sie vor allem bei einem zurückhaltenden Hund von Anfang an so vorgehen. Doch viele Hundefreunde packt bei dieser Übung zunächst einmal die Neugier und sie möchten einfach ausprobieren, wie ihr Hund sich vor dem verschlossenen Karton verhält. Und warum auch nicht! Mit einem solchen Versuch wird man keinen Schaden anrichten.

Schritt 2

War der Hund am aufgelegten Deckel erfolgreich, drücken Sie ihn beim nächsten Versuch an einer Stelle herunter und geben erneut ein freudiges **SUCH'S**. Geht er zielsicherer vor, können Sie den Deckel an zwei Stellen herunterdrücken. Zuvor haben Sie natürlich erneut einen kleinen Happen deponiert.

Das muss ein Hund sich auch trauen!

Schritt 3

Dann können Sie die weiteren Ecken weiter herunterdrücken. Achten Sie darauf, die Schwierigkeitsstufe erst dann zu erhöhen, wenn der Hund im vorherigen Schritt Sicherheit entwickelt hat. Ob er bereits innerhalb weniger Durchgänge lernt, den Karton zu öffnen oder dafür mehrere Tage benötigt, ist völlig unerheblich. Freuen Sie sich, wenn er länger braucht! So können Sie diese Übung länger nutzen und der Geschicklichkeit Ihres Tieres wesentlich bequemer folgen. Übrigens: Das Öffnen des Kartons und das Fressen des Häppchens stellt für den Hund an sich schon eine Belohnung dar. Verzichten Sie dennoch nicht darauf, ihn zu motivieren, während er sucht und stimmlich noch etwas draufzulegen, wenn er den Deckel geöffnet hat. So bleiben Sie stets mit im Spiel, schaffen eine positive Stimmung und auch weniger draufgängerische Hunde fühlen sich ausreichend unterstützt.

Strategiespiele nicht nur mit Kartons – der Spaß geht weiter!

Varianten

Bei diesen Folgeübungen sollte der Hund immer ein Leckerchen vorfinden.

Hat er gelernt, einen Karton zu öffnen, bieten sich eine Vielzahl einfach zu realisierender Aufbautricks an. Bereits eine etwas größere oder kleinere Kiste, kann vom Hund ganz andere Strategie erfordern.

Kartons mit anderen Verschlüssen

Gehen Sie einmal auf die Suche nach den Kartons Ihres letzten Handy-, Digitalkamera- oder Festplattenkaufes. Diese werden in der Regel auf andere Weise verschlossen als Schuhkartons, haben keine Deckel, sondern ineinander klappbare Verschlüsse. Auch hier gilt: Erst Leckerchen zeigen, dann in Karton legen, die Klappen zu Beginn nur aneinanderlehnen, je nach Lerngeschwindigkeit des Hundes schrittweise fester zusammenklappen und Hörzeichen **SUCH'S** nicht vergessen. Wahrscheinlich wird Ihr Hund zunächst versuchen, den Karton auf dem bereits erprobten Weg zu öffnen, bis er begreift, dass dieses Problem anders gelöst werden muss.

Karton auf dem Kopf

Eine weitere Möglichkeit ist es, den Karton auf den Kopf zu stellen, damit der Hund diesen erst in eine andere Position bringen muss, um ihn zu öffnen. Als ersten Schritt sollte man den Karton hier

lediglich auf die Seite stellen, sodass er relativ problemlos mit der Pfote oder Nase umgeworfen werden kann. War der Hund so einige Male erfolgreich, kann man den Karton ganz umdrehen.

Man kann den Karton auch auf ein niedriges Regal stellen und den Hund zum Öffnen bewegen. Lediglich sehr schreckhafte Hunde sollten auf die beiden letztgenannten Möglichkeiten verzichten.

Die Kiste als Suchort

Eine schöne Kombination aus Nasentraining und Strategiespiel ist die Kiste zum geheimen Suchort werden zu lassen. Dazu soll der Hund die Kiste schon recht sicher öffnen und einer etwas längeren Leckerchenspur mit Kurven oder Bögen folgen können. Am Ende der Suchspur befindet sich dann die geschlossene Kiste, die der Hund am Start noch nicht sehen darf. Denkbar wäre, die Suchspur mit (gefülltem!) Karton hinter einer leicht geöffneten Tür enden zu lassen, hinter Sessel oder Sofa oder einfach um die Ecke in einem anderen Raum. Probieren Sie dies mit zunehmender Sicherheit des Hundes auch einmal im Halbdunklen aus! So ist er noch mehr gefordert und Sie haben wieder einmal Grund zu staunen, wie gut Ihr Hund mit seiner Nase „lesen" kann.

Auspacken macht Spaß.

Spielzeug im Karton

Für Hunde, die allein beim Anblick ihres Lieblingsspielzeuges in Spielstimmung geraten, bietet sich diese Möglichkeit an: Zeigen Sie Ihrem Hund sein Spielzeug und legen es in die Kiste. Motivieren Sie ihn dann mit der Stimme, diese zu öffnen. Der „Spielkarton" kann auch als geheimer Suchort am Ende einer Leckerchenspur genutzt werden, sofern sich der Hund dann noch zum Absuchen der gelegten Spur bewegen lässt. Probieren Sie es einfach aus. Ignoriert der Hund die angebotene Nasenübung in Erwartung seines Spielzeugs, belassen Sie es einfach bei einem leckeren Happen im Karton.

Große Freude haben viele Hunde auch an folgender „Kartonsuchaktion":

Immer dem Rappeln nach!

Voraussetzungen und Hilfsmittel

Diese Übung ist gut geeignet für Hunde mit mittlerem Temperament, die nicht zu kopflosem und hektischem Agieren neigen. Sie verbindet strategisches Handeln und Sinnesleistungen.
Sie benötigen eine zweite Person, die den Hund kurz festhält oder ihm die Tür öffnet, hinter der er zunächst wartet. Damit diese Übung von Erfolg gekrönt ist, sollte das Öffnen einer Kiste (hier ist es gleich, ob Schuh- oder etwa Handykarton) schon klappen. Sie können die Übung sowohl mit Leckerchen als auch mit Spielzeug versuchen.

So wird's gemacht

Packen Sie vor den Augen des Hundes etwas Anziehendes in den Karton. Rappeln Sie direkt neben dem Hund mit der verschlossenen Kiste und begeben sich dann in einen anderen Raum der Wohnung oder des Hauses. Ihre Hilfsperson bleibt mit dem Hund zurück. Dann rappeln Sie erneut und verstecken den Karton schnell genau an dieser Stelle. Wiederum könnte das Versteck hinter einer Tür, einem Sessel oder unter einer Decke liegen. Widerstehen Sie beim Rappeln mit dem Karton der Verlockung zusätzlich zu rufen! Das Geräusch ist Orientierungssignal genug und Übungen, die zu leicht sind, werden dem Hund schnell langweilig. Wenige Sekunden später kann die Hilfsperson die Tür öffnen oder den Hund loslassen. Wenn Sie möchten, vereinbaren Sie ein kurzes Signalwort wie „Jetzt" o.Ä. Bleiben Sie ruhig in dem Raum, in dem die Kiste versteckt ist, geben aber zunächst einmal keine weitere Hilfestellung als das bekannte Hörzeichen **SUCH'S**. Lediglich, wenn der Hund gar nicht weiterkommt, deuten Sie in die richtige Richtung und unterstützen ihn. Wer möchte und ein Gartengrundstück hat, kann dieses mit einbauen und dem Hund sukzessive aus immer größerer Entfernung „entgegenrappeln". Wichtig ist lediglich, dass der Suchort für den Hund gefahrlos erreicht werden kann und er unterwegs keine glatten Treppen, rutschige Böden usw. überwinden muss, die ihm in der Hitze des Gefechts gefährlich werden könnten.

Tipp

Ohne Hilfsperson

Rappeln Sie erneut mit der verschlossenen Kiste beim Hund, schließen hinter ihm die Tür, gehen an den ausgewählten Suchort und lärmen dort erneut. Dann schnell zurück zum Hund, Tür auf und **SUCH'S**! Bei dieser Spielart sollte die Entfernung zu Beginn nicht zu weit weg liegen. Versuchen Sie es beim ersten Mal mit einem Versteck in unmittelbarer Nähe und vergrößern die Suchstrecke dann je nach Schnelligkeit und Erfolg des Hundes.

Zeitungen sind nicht nur zum Lesen da!

Voraussetzungen Strategisches Handeln und Einsatz der Sinne werden auch bei folgendem Spiel gefördert. Es wird nicht vorausgesetzt, dass der Hund schon eine Kiste öffnen kann. Sie eignet sich für alle Hunde, die einfach Freude am Auffinden von leckeren Happen oder ihrem Lieblingsspielzeug haben. Hilfreich sind erste Erfahrungen mit dem Hörzeichen **SUCH'S** auf einer leichten Suchspur.

So wird's gemacht Nehmen Sie einen mittelgroßen offenen Karton. Knüllen Sie mehrere alte Zeitungsseiten zusammen, streuen einige gute Häppchen hinein und animieren den Hund mit **SUCH'S**. Achten Sie darauf, dass der Karton nicht zu hoch ist und der Hund bequem seinen Kopf hineinstrecken kann. Mit zunehmendem Erfolg können Sie die Leckerchen immer tiefer in die Zeitungsknäuel bohren, immer weniger Leckerchen oder gar nur noch eines verstecken. Ebenso

Eine so große Kiste erfordert einen mutigen Sprung – das wagt nicht jeder Hund.

können Sie mit einem Spielzeug verfahren. Damit der Suchspaß dabei nicht zu schnell zu Ende geht, empfiehlt sich eine möglichst breite Kiste mit vielen (leeren) Zeitungsknäueln. Für größere Hunde ist auch ein Wäschekorb denkbar.

Wer will, kann die Latte noch etwas höher legen und die Kiste mitsamt Zeitungen und Leckerchen schließen, wozu das Öffnen von Kartons schon bekannt sein sollte.

Möchten Sie nicht, dass Papierfetzen fliegen oder scheuen das Aufräumen danach, kann als Alternative eine ältere Decke, Handtücher o. Ä. gewählt werden. Knüllen Sie diese in den geöffneten oder verschlossenen Karton und verstecken dort Leckerlis. Der Suchspaß wird für den Hund derselbe sein.

Leckerchen per Post – Suchspiele mit gebrauchten Briefumschlägen

Voraussetzungen und Hilfsmittel   Vorbei die Zeiten, in denen die vielen großen, kleinen, wattierten Briefkuverts in den Papiermüll wandern mussten, nur weil sie beschrieben waren. Mit diesen lassen sich schöne Strategiespiele gestalten. Auch hier ist es hilfreich, wenn der Hund des Hörzeichen **SUCH'S** schon kennt.

So wird's gemacht   Gehen Sie hier ebenso vor wie mit den Kartons. Zeigen Sie dem Hund ein Leckerchen, legen es in das Kuvert und das Kuvert geöffnet vor den Hund. Der Umschlag sollte in jedem Fall so groß sein, dass der Hund mit seiner Pfote „hineinangeln" kann, aber nicht so

Umwerfen ist da schon einfacher.

groß, dass sein ganzer Kopf hineinpasst – ein Groß-Kuvert etwa wäre für einen Chihuahua nicht das Richtige. Die Umschläge sollten im weiteren Verlauf nicht ganz, sondern höchstens auf einer Seite leicht verschlossen werden, damit der Hund immer noch mit der Pfote „arbeiten" kann. Der Briefumschlag kann nach etwas Vorübung anstatt des Kartons ebenfalls am Ende einer Suchspur versteckt werden. Auch auf dieser Stufe sollte der Umschlag nicht ganz zugeklebt werden, da der Hund sonst keine andere Wahl hat, als ihn mit den Zähnen aufzureißen, was als Strategie nicht unbedingt gefördert werden muss.

Tipp

Sockenspiel

Frisst Ihre Waschmaschine auch so gern Socken, und zwar keineswegs paarweise, sondern ausschließlich einzeln? Prima! Hier finden Sie endlich eine Verwendungsmöglichkeit für die vielen Einzelgänger in Ihrem Schrank. Beim Fischen der Leckerlis aus Socken müssen ganz andere Strategien entwickelt werden als bei Kisten und Kartons. Einzelsocken, die ohnehin keine zweckmäßige Verwendung mehr finden, können Sie zu Beginn etwas einschneiden, damit das „Fischen" leichter fällt.

Das Matroschka-Spiel

Voraussetzungen und Hilfsmittel

Diese Übung für Fortgeschrittene fördert beim Hund Geduld und Beharrlichkeit. Der Hund sollte mit dem einfachen Öffnen von Kartons schon Erfolg gehabt haben. Sie benötigen zunächst zwei, später, bei Lust und Laune, drei oder vier Kartons unterschiedlicher Größe, die ineinander versteckt werden können.

So wird's gemacht

Starten Sie mit zwei Kartons. Optimalerweise haben Sie mit dem kleineren Karton bereits trainiert, Ihr Hund weiß, wie man ihn öffnet und dass er mit Sicherheit etwa Schmackhaftes darin findet. Diesen stecken Sie nun verschlossen mit Häppchen in den zweiten, größeren Karton. Auch der Verschlussmechanismus der zweiten Kiste sollte dem Hund bekannt sein. Je nachdem, wie viel Unterstützung der Hund benötigt, können Sie in den ersten Karton für den Anfang durchaus noch einen kleinen Happen zur Belohnung legen und den Hund nach dem Fressen motivieren, weiterzusuchen. Er kennt die zweite Kiste schließlich und riecht schon längst, dass sich weitere Anstrengung lohnt! Bei sehr suchbegeisterten oder -erfahrenen Hunden kann auf den Happen in der ersten Kiste verzichtet werden. Sofern es die Motivation des Hundes zulässt, können Sie nach demselben Muster auch noch mit einem dritten oder vierten Karton verfahren.

Gespannt wartet die Hündin auf das Startsignal.

Wichtig

Der „Mülleimerdieb"

Hunde, die regelmäßig Fressbares stehlen und „Mülleimerdiebe,
sollten besser keine zusätzlichen Strategien erlernen, durch
Geschicklichkeit an Futter zu kommen. Sie und ihre Menschen
sind mit Bewegungs- und Suchspurspielen ohne „Auspack-
training" am Ende besser bedient.

Hütchenspiel mit Hund

**Voraussetzungen
und Hilfsmittel**

Spaßig und keineswegs illegal: Hütchenspiele für den Hund, bei
denen Anforderungen ganz unterschiedlicher Art zusammenkom-
men. Geeignet sind Hütchenspiele für alle Hunde. Sie fördern Mut
und Durchhaltevermögen. Sie erfordern keine weiteren Voraussetzungen. Natürlich benötigen Sie zum Spielen ein paar Hütchen
oder Plastikbecher.

So wird's gemacht

Schritt 1

Wir beginnen ganz leicht mit einer Plastikschüssel oder einem Plastikbecher. Für den Anfang sollten die Hütchen nicht auf glattem
Boden stehen, da sie so nur sehr schwer umgeworfen werden können. Bitte verwenden Sie kein Material, bei dem eine Verletzungs-
gefahr besteht. Bei geräuschempfindlichen Hunden übt man am
besten auf Teppich oder Gras. Zeigen Sie dem Hund zunächst das
Leckerchen, legen es auf den Boden und die Schüssel umgedreht
darüber. Animieren Sie ihn mit **SUCH'S**, damit Sie auch bei dieser
Beschäftigung nicht außen vor bleiben. Für den Anfang ist eine
Schüssel mit Rand für den Hund hilfreich, da er diese in der Regel
mit den Pfoten recht schnell umwerfen kann.

Nicht wenige Hunde, die keine draufgängerische Ader haben, sitzen
bei den ersten Hütchenspiel-Schritten ziemlich ratlos vor der Schüssel und versuchen es mit hypnotischem Anstarren ihrer Menschen.
Für solche, die sich entweder nicht trauen, die Schüssel zu traktie-
ren oder noch nicht ausreichend gelernt haben, eigene Strategien
zu entwickeln, bietet sich folgende Hilfestellung an: Legen Sie ein
kleines Stöckchen oder Hölzchen unter den Schüsselrand, sodass
diese nicht komplett auf dem Boden aufliegt, und animieren Ihren
Hund erneut. So kommen die Hunde nämlich zumeist mit Nase
und Pfote gleichzeitig zu einem raschen Erfolg, was anfängliche
Hemmungen rasch beseitigt.

Unterschiedliche „Hütchen" fördern das Mitdenken und die Kreativität.

Schritt 2

Probieren Sie dies mit ganz unterschiedlichen Behältnissen aus. Eine viereckige Plastikbox erfordert eine andere Vorgehensweise als ein rundes Schüsselchen. Sie können auch kleine oder größere Pappkartons nutzen. Sobald der Hund diese umwerfen kann, drehen Sie das Matroschka-Spiel von oben einfach um: Erst kommt die kleine, schon bekannte Plastikschüssel mit einem Happen darunter, dann wird die größere Pappkiste darüber gestülpt und der Hund erneut mit **SUCH'S** dort hingeführt. Plastikkörbe oder aus Holz geflochtene Papierkörbe können beim Hütchenspiel ebenfalls Verwendung finden. Oftmals haben diese Ritzen, durch die man die Häppchen vor den Augen den Hundes hineinwerfen kann – herausbekommen muss er sie auf anderem Weg.

Die Variante „Mehrere Hütchen – nur ein Happen" ist trotz der hervorragenden Nasenleistung unserer Hunde in der Umsetzung abwechslungsreich, denn überlegtes Handeln bei Aufregung will gelernt sein! Auch unsere Hunde sind Gewohnheitstiere und werden sich nicht selten zunächst an äußerlich bereits bekannten Schüsselchen orientieren.

Schritt 3

Hat Ihr Hund für verschiedene Behältnisse unabhängig voneinander seine Wege gefunden, können Sie zwei bis drei Behältnisse auf einmal ins Spiel bringen. Legen Sie dabei nur unter eines die Futterbelohnung und lassen ihn dabei nicht zusehen. Denken Sie

Info

Testen Sie: Welche Leckerlis mag Ihr Hund am liebsten?

Wer herausfinden möchte, was für Leckerchen sein Hund am liebsten mag, kann dazu das Hütchenspiel wunderbar nutzen. Nehmen Sie verschiedene Häppchen, legen sie jeweils unter die Schüsselchen und lassen den Hund suchen. Zunächst werden Sie für Ihre Nachforschungen „Kommissar Zufall" berücksichtigen müssen. Der Hund wird einige Versuche benötigen, zu erkennen, dass überhaupt Unterschiedliches im Angebot ist und wahrscheinlich noch recht wahllos vorgehen. Verändern Sie also bei Ihren Spieldurchgängen nicht die Position der Hütchen und vertauschen auch die darunterliegenden Happen nicht. Sie müssen dieses kleine Experiment nicht an einem Tag abschließen und vielleicht zeigt Ihr Hund gar keine Präferenz, was immerhin auch ein interessantes Ergebnis wäre.

weiterhin an Ihr **SUCH'S** und das anschließende Lob, damit der Hund die Gemeinsamkeit bei der Sache nicht aus den Augen verliert. Bei zunehmender Sicherheit können Sie immer mehr „Hütchen" dazunehmen und dann, damit die Motivation des Hundes nicht erlahmt, unter mehrere, aber nicht alle, ein Leckerli legen.

Schritt 4 Wenn Sie und Ihr Hund Spaß am Hütchenspiel gefunden haben, können Sie einen regelrechten Parcours oder eine Suchspur aufstellen und die Schüsseln, Kisten usw. immer weiter entfernt voneinander platzieren, wobei bei zunehmender Anzahl nie nur ein Leckerchen versteckt sein sollte, außer bei Hunden, die sich durch mehrere „Nieten" in keiner Weise entmutigen lassen.

Hütchenspiel für ultimative Trickser

Voraussetzungen und Hilfsmittel

Warum nicht aus dem Hütchenspiel noch etwas mehr rausholen? Wer mit seinem Hund schon körpersprachliches Schicken geübt hat, kann mit diesem Trick sein Repertoire eindrucksvoll erweitern. Doch vielleicht bekommen Sie ja erst jetzt Lust am Tricksen und möchten ausprobieren, wie gut Ihr Hund Sie ganz ohne Worte verstehen kann.

Sie benötigen zunächst zwei identische „Hütchen" (Schüsselchen, Kistchen o. Ä.), die der Hund schon umstülpen kann. Wenn Sie kleine Plastiktrinkbecherchen verwenden, die sehr leicht umzuwerfen sind, ist keine Vorerfahrung erforderlich.

So wird's gemacht

Schritt 1

Stellen Sie die Hütchen oder Becher in ausreichend großem Abstand zueinander auf und legen in Abwesenheit des Hundes nur unter ein Hütchen ein gutes Häppchen. Beginnen Sie mit ein bis zwei Metern Abstand zwischen Hund und Hütchen. Bevor es mit **SUCH'S** losgeht, sollte der Hund kurz bei Ihnen verharren. Optimal ist es, wenn das **SUCH'S** in einem Moment ertönt, in dem der Hund Blickkontakt zu Ihnen hält. So wird er Sie immer besser beobachten und noch exakter auf

Ihren „Startschuss" warten lernen. Je nach dem, wie zielsicher der Hund nun zu dem richtigen Versteck läuft, benötigt er Ihre Unterstützung. Bewegt er sich unsicher und zögerlich, führen Sie ihn mit einer deutenden Armbewegung in die richtige Richtung. Sobald er sicher zum entsprechenden Hütchen läuft, stellen Sie begleitende Maßnahmen ein, bleiben hinter ihm zurück und loben ihn. Es macht nichts, wenn er für eine Weile direkt zum zweiten Hütchen läuft, sobald er das erste „erledigt" hat. Vor allem, wenn er die anderen Hütchenvarianten schon kennengelernt hat, ist dies eine natürliche Reaktion. Nach einiger Zeit lernt er, dass in diesem Spiel nur ein Leckerchen zu erwarten ist. (Es ist ratsam, die Hütcheneinheiten von oben und diese Trickser-Variante mit einigen Tagen Abstand zu trainieren!) Ein weiteres Mal hilft es dem Hund in der Aufbauphase ungemein, wenn Sie ihn körpersprachlich so unterstützen, dass er leichter in die richtige Richtung läuft: Möchten Sie ihn nach rechts dirigieren, so laufen Sie auch – von ihm aus gesehen – rechts und entsprechend umgekehrt.

Sobald der Hund beginnt, auf Ihre körpersprachlichen Signale zu reagieren und prompt auf das richtige Versteck loszulaufen, bauen Sie Begleitung und Körpersprache so weit ab, wie die Sicherheit des Hundes das erlaubt.

Auf glattem Boden müssen die Hütchen hochgehoben werden. Umschubsen geht nicht.

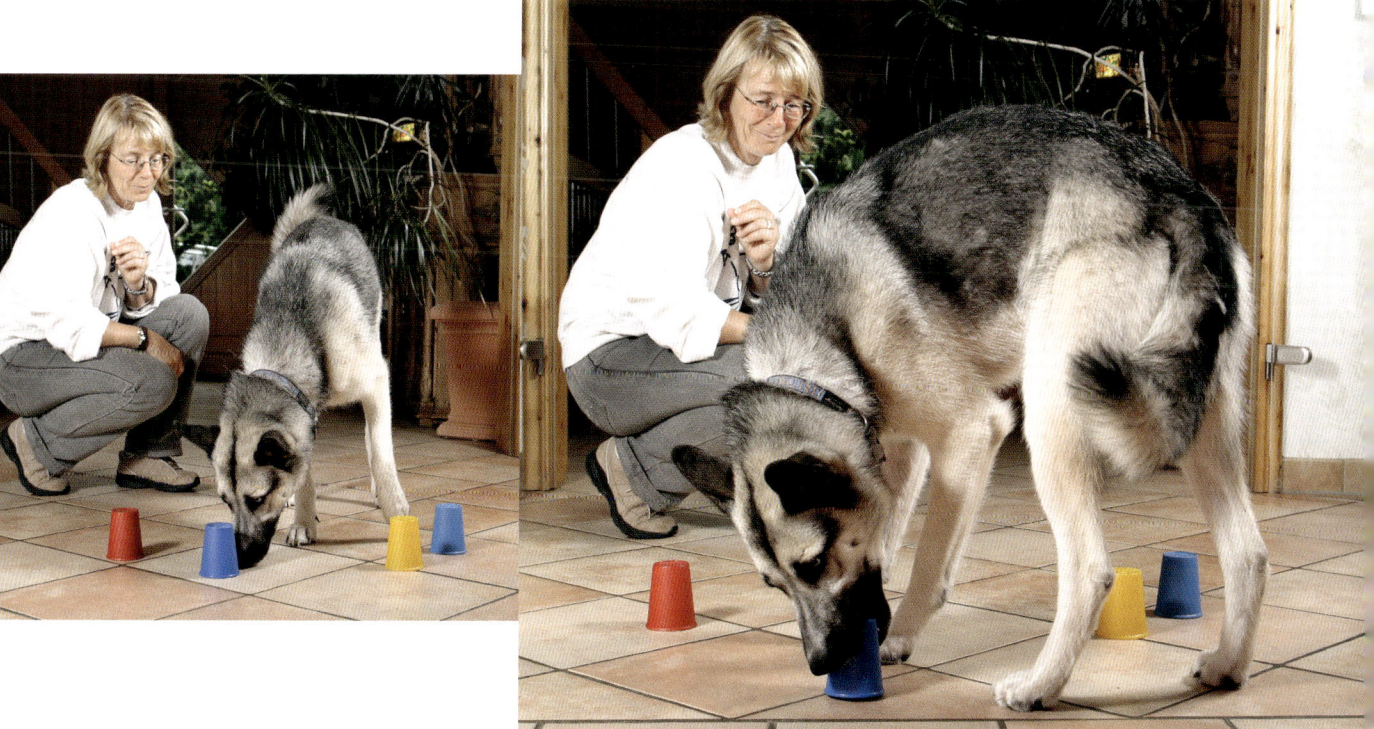

Das begehrte Spielzeug sollte so weit unter dem Schrank versteckt werden, dass der Hund mit der Schnauze nicht herankommt, sondern das Seil benutzen muss.

Schritt 2

Als Nächstes können Sie ein drittes (leeres!) Hütchen hinzunehmen. Achten Sie beim Aufstellen erneut auf einen Abstand, der es dem Hund erlaubt, Ihre Körpersprache dem richtigen Versteck zuzuordnen. Im weiteren Verlauf müssen Sie sich beim Üben mit drei Hütchen außerdem so aufstellen, dass dem Hund das mittlere eindeutig angezeigt werden kann. Wer es bei zwei Hütchen belassen möchte, dem ist das selbstverständlich freigestellt!
Streben Sie dann schrittweise an, gleichzeitig zum **SUCH'S** den Arm nur noch leicht auszufahren und andeutungsweise mit dem Knie zu zucken.

Schritt 3

Haben Sie hier erste Erfolge, kann die Distanz der Verstecke zueinander etwas verringert werden. Orientierungsmarke sollte dabei aber immer ein Hund sein, der sich zwar anstrengt, aber dennoch keine groben Fehlschläge einstecken muss. Die Hütchen im weiteren Übungsverlauf sehr dicht beieinander aufzustellen, ist wahrscheinlich wenig realistisch und auch gar nicht nötig. Ob man die höchste Stufe der Kunst erreicht, nur noch leicht mit dem Muskel des Beines zu zucken oder das richtige Hütchen anzuschauen, liegt selbstverständlich am individuellen Eifer von Mensch und Hund. Doch es spricht überhaupt nichts dagegen, mit diesem spielerischen Trick etwas zu experimentieren und die Körpersignale nur so weit abzubauen, wie es Spaß macht.

Wichtig

Nehmen Sie sich Zeit

Da der Konzentrationsaufwand für den Hund im Vergleich zum Ergebnis nicht gering ist, können ihn zu viele Wiederholungen am Stück schnell langweilen. Setzen Sie sich daher ruhig ein gemütlich erreichbares, fernes „Ergebnisdatum".

Noch mehr Probleme lösen: Leckerchen angeln!

Voraussetzungen und Hilfsmittel

Um weitaus fettere Beute geht es bei diesem Strategiespiel. Sie benötigen größere Hundekuchen oder Kaustangen. Der Handel hält mittlerweile für Hunde ungeheuer abwechslungsreiche Kauartikel bereit, die sich auszuprobieren lohnen. Von Hirschsehnen über Lammohren bis zu mit Pastete gefüllten Kauknochen ist auch für „Schnäker" Erstrebenswertes zu finden, und wer Freude daran hat, seinem Hund auch einmal Selbstgemachtes anzubieten, kann es mit tiergerechtem Backwerk probieren. Dabei übrigens ist die Beimischung von geriebener Leber für viele Hunde ungeheuer verführerisch! Besondere Voraussetzungen müssen nicht erfüllt werden. Erfahrungen mit anderen Strategiespielen sind nützlich, aber nicht notwendig. Lediglich für futterneidische Hunde und solche, die kopflos alles Fressbare, egal welcher Größe, in Sekundenbruchteilen herunterschlingen, ist dieses Spiel ungeeignet.

So wird's gemacht

Binden Sie einen unbedingt dicken Faden, zum Beispiel Paketschnur, um den Hundekuchen oder Kauknochen. Machen Sie keinen komplizierten Knoten, damit dieser später schnell gelöst werden kann. Zeigen Sie dem Hund das gute Stück, lassen ihn daran schnuppern, aber nicht hineinbeißen. Verstecken Sie das Objekt der Begierde dann unter einem Schrank oder Regal (Achtung: auf keinen Fall unter einem Wackelregal, nur unter feststehenden!), lassen die Schnur ein kleines Stück herausschauen und motivieren den Hund zum „Angeln". Mit der Pfote sollte er die Schnur, nicht aber den Hundekuchen erhaschen können. Hat der damit trotz Anstrengung keinen Erfolg, darf auch der Belohnungshappen in Pfotennähe gelegt werden. Das soll ihm die Möglichkeit geben zu lernen, dass der Pfoteneinsatz prinzipiell die richtige Strategie ist. Hat sich der Hund seine Belohnung geangelt, soll er tüchtig gelobt werden. Achten Sie bei diesem Spiel unbedingt darauf, stets direkt neben dem Hund zu knien, um die Schnur schnell lösen zu können, bevor der Hund den Kauknochen o. Ä. fressen darf.

Weitere Versteckmöglichkeiten für das Angelspiel

▸ Hundekuchen in alte Schuhe legen, Schnur gut sichtbar raushängen lassen.

▸ In umgedrehten Pappkarton kleines Loch schneiden, sodass die Pfote, nicht aber der Kopf des Hundes hingesteckt werden kann, Schnur gut sichbar rauslegen.

▸ Im nächsten Schritt Schnur weiter im Karton verstecken, aber stets so, dass der Hund sie mit der Pfoten noch erreichen kann.

▸ Mehrere kleine Löcher in einen Karton schneiden, Hunde ausprobieren lassen, welche Öffnung die Erfolg versprechende ist.

▸ Daran denken: Immer direkt neben dem Hund knien, um die Schnur sofort lösen zu können.

Der Futterball ist schon zu langweilig? Nehmen Sie doch mal eine PET-Flasche.

Lassen Sie es kullern!

Hilfsmittel

Ein bisschen basteln können Sie für folgendes Beschäftigungsspiel. Sie benötigen eine kleine oder auch größere Plastikwasserflasche und/oder eine Smartie- oder Chipsverpackung mit Verschluss. Bohren Sie in diese einige kleine Löcher an verschiedenen Stellen und legen ein paar, nun wieder kleine, Leckerchen hinein. Am besten probieren Sie das Ganze erst einmal ohne Hund aus. Wie groß müssen oder dürfen die Löcher sein? Kullern bei der ersten Bewegung alle raus, sind die Öffnungen zu groß. Finden sie den Weg hinaus trotz größter Anstrengung nicht, sind die Löcher zu klein.

So wird's gemacht

Verschließen Sie die Flasche oder Packung, lassen den Hund daran schnuppern und legen sie auf den Boden. Animieren Sie ihn, sich die Leckerchen zu holen. Im Laufe der Zeit können Sie die Öffnungen kleiner bohren oder als weitere Schwierigkeitsstufe weniger Löcher anbringen. Bei den Kullerspielen müssen Bodenvasen u. Ä.

in Sicherheit gebracht werden, denn diese sind akut gefährdet! Empfehlenswert ist dieses Spiel ebenfalls für den Garten, doch sollten Sie auch dort stets anwesend sein und die Kullerbox wegschließen, sobald sie leer ist. Wenn Sie eine Plastikflasche verwenden, können Sie diese auch einfach offen lassen und sich das Löcherbohren sparen. Die Leckerchen werden bei genügend Bewegung auch so herauskullern.

Im Handel gibt es inzwischen die verschiedensten Intelligenzspielzeuge.

Info

Strategie- und Intelligenzspielzeuge zum Kaufen

Neben den klassischen Futterbällen gibt es inzwischen eine Vielzahl an Strategie- und Intelligenzspielzeugen, die der Handel bereithält. Dabei kann man zwei Gruppen unterscheiden: Entweder muss der Hund mit seinem Fang etwas hochheben, an etwas ziehen oder mit der Pfote bzw. Schnauze schieben und drücken, um ans Ziel zu gelangen. Es gibt Spielzeuge, die beides kombinieren. Möchte man ein solches Spielzeug anschaffen, sollte man zu Beginn eines wählen, das dem Hund und seinen von sich aus gezeigten Fertigkeiten entgegenkommt. So erspart man ihm Frustration. Bei diesen Spielzeugen ist der Weg das Ziel. Hat der Hund das Prinzip eines bestimmten Spieles einmal begriffen, mag ihm die Beschäftigung damit weiterhin noch Spaß machen, die Anforderungen erhöhen allerdings kann man dann nicht mehr. Findige Spielzeughersteller lassen sich aber stets tolle neue Sachen einfallen. Suchen und anschauen können Sie sich Intelligenzspielzeuge für Hunde z. B. unter:
www.hundeshop-ab.de
Einige der Futtersuchspielzeuge können aber einen Heidenlärm machen, was vor allem wissen sollte, wer empfindliche Nachbarn hat. Spielen im Garten, auf Gras oder auf dem Teppich kann daher sinnvoll sein und auch die Sinne des Hundes noch mehr beanspruchen.

Der kluge Hans für Hunde

Kennen Sie den klugen Hans? Zugegeben, das war kein Hund, sondern ein Pferd, das um 1895 das Licht der Welt erblickte. Sein Besitzer, der Schulmeister und Mathematiklehrer Wilhelm von Osten, war felsenfest überzeugt, dass es ihm gelungen war, dem Pferd das Zählen, Buchstabieren und sogar das Lösen arithmetischer Aufgaben beizubringen. Die Wissenschaftswelt vermutete selbstredend einen Trick des alten Lehrers, aber das kluge Tier bestand entsprechende Prüfungen sogar dann, wenn Wilhelm von Osten überhaupt nicht anwesend war und antwortete korrekt mit Hufklopfen oder Kopfschütteln. Doch schließlich kam man dem Geheimnis auf die Spur. Hans gab nämlich immer dann die richtige Anwort, wenn sein Gegenüber die Lösung wusste. Man erkannte, dass das Pferd auf die unbewusste Anspannung des Menschen beim Stellen der Frage reagiert hatte. Nach der richtigen Antwort entspannten sich die Prüfer stets – für Hans das Signal, sein Klopfen oder Kopfnicken einzustellen. Wilhelm von Osten war über das Ergebnis der Untersuchungen empört, ließ keine weiteren Experimente mehr zu und soll dem Tier gegenüber sogar ungerecht geworden sein. Dabei war und ist sein Hans geradezu ein Paradebeispiel für die feine Wahrnehmungsfähigkeit der Tiere, die dem Menschen mitunter erst dann bewusst wird, wenn sich hochrangige Wissenschaftler intensiv damit beschäftigen. Möchten auch Sie sich von Ihrem Hund einmal richtig überraschen lassen, versuchen Sie es doch mit folgendem Trick.

Wird er der nächste „Kluge Hans"?

Mein Hund kann zählen und rechnen!

Voraussetzungen und Hilfsmittel Diese Übung ist gut geeignet für gesprächige Hunde, kann aber auch mit stilleren ausprobiert werden, was etwas mehr Geduld erfordert. Extrem aufmerksamkeitsheischende und aufdringliche Hunde sollten lieber mit Übungen und Tricks beschäftigt werden, die Geduld erfordern, bewegungsaktiv sind und die Sinne auslasten. Diese spielerische Beschäftigungsform fördert das Konzentrationsvermögen bei Hund und Mensch und kann ganz allgemein die nonverbale Kommunikation verbessern.
Sie benötigen eine Handvoll geruchlich attraktiver Leckerlis oder das Lieblingsspielzeug des Hundes und eine ablenkungsfreie Umgebung. Weitere Voraussetzungen müssen nicht gegeben sein.

So wird's gemacht Zunächst soll das Bellen verstärkt und später mit einem Hörzeichen belegt werden. Dazu können Sie zwei Wege gehen:

Möglichkeit 1 Verstärken Sie das Bellen des Hundes in Situationen, in denen er von sich aus Laut gibt. Sicher wissen Sie recht gut, wann Ihr Hund den Tag über mit Sicherheit etwas mitzuteilen hat. Dann sollte rechtzeitig vorher zu den Leckerchen gegriffen werden. Wer mit dem Clicker arbeitet, nimmt diesen zusätzlich zur Hand. Beim ersten Bellen geben Sie das Verstärkungssignal **GUT** oder Clickern und schieben gleich ein Leckerchen hinterher. Beim zweiten Bellen verfahren Sie ebenso, beim dritten auch usw. Sobald der Hund sein Leckerchen kaut, kann Hörzeichen **RUHIG** erfolgen. Nach einigen Tagen können Sie das Hörzeichen **GIB LAUT** einführen, welches genau dann gegeben werden soll, wenn der Hund bellt. Wer möchte, kann das gewünschte Verhalten weiterhin zusätzlich mit Clicker verstärken. Wichtig bleibt, weiterhin direkt nach dem **GIB LAUT** das Leckerchen zu geben, damit dem Verhalten nicht nur ein Hörzeichen, sondern auch eine Belohnung folgt. Je nach Übungshäufigkeit und individuellem Zugang wird es mit dieser Methode von Hund zu Hund unterschiedlich lang dauern, bis eine Verknüpfung zwischen Bellen und **GIB LAUT** stattfindet; ein gutes Timing und attraktive Leckerchen sind in jedem Fall das beste Rüstzeug. Haben Sie mehrmals die Woche Gelegenheit **GIB LAUT** wie beschrieben zu verstärken und stellen fest, dass Ihr Hund beim Bellen mit immer mehr Blickkontakt zu Ihnen reagiert und damit quasi nach seinem Leckerchen fragt, können Sie versuchen **GIB LAUT** einzufordern. Tun Sie dies für einige Tage ausschließlich dann, wenn Sie wissen, dass der Hund sowieso gleich bellen wird, da beispielsweise der Postbote im Anmarsch ist. Dann können Sie es wagen, **GIB LAUT** als Trainingssignal einzufordern. Achten Sie darauf, sich zuvor mit Leckerchen und evtl. Clicker zu bewaffnen. Für den schon spielerprobten Hund entsteht so schnell die gewohnte Arbeitserwartungshaltung, in der Hörzeichen viel bereitwilliger befolgt werden. Funktioniert das Einfordern des **GIB LAUT** noch nicht, kein Grund den Mut sinken zu lassen. Entweder Sie gehen einfach wieder einen kleinen Schritt zurück und verstärken noch eine Weile das freiwillige Bellen mit Hörzeichen **GIB LAUT** oder versuchen es mit Möglichkeit 2. Übrigens ist jetzt auch der richtige Zeitpunkt, um das Hörzeichen **RUHIG** oder **STILL** einzuführen: Ihr Hund muss ja aufhören zu bellen, wenn er das Leckerchen nimmt!

Die deutlichen Sicht- und Hörzeichen fürs Bellen müssen für den „Klugen Hans" immer weiter reduziert werden.

Möglichkeit 2

Hier wird nicht abgewartet, bis der Hund von sich aus bellt. Vielmehr provozieren wir den Hund zu Lautäußerungen, die dann verstärkt, belohnt und schließlich mit **GIB LAUT** belegt werden. Und das geht so:

Nehmen Sie Leckerchen oder ein Spielzeug zur Hand. Es ist nun sehr wichtig, dass es sich dabei um Dinge handelt, nach denen der Hund erfahrungsgemäß giert: Sein Quietschball, selbst gebackene Hundecräcker, Fleischwurst oder Ähnliches. Stellen oder hocken Sie sich damit vor den Hund und machen ihn mit den höchsten Freudentönen darauf aufmerksam – selbstverständlich ohne, dass er es erhaschen kann, maximal darf er daran riechen. Bei diesem Trick spielt das Phänomen der Stimmungsübertragung vom Menschen auf den Hund eine besonders wichtige Rolle: Je mehr Begeisterung Sie selbst für das gewünschte Objekt zeigen, desto stärker und schneller überträgt sich das „Haben-Wollen" auf den Hund.

Hilfreich kann es ein, den Hund anzubinden. Diese kleine, vorübergehende Einschränkung der Bewegungsfreiheit steigert die Motivation, das Angebotene zu bekommen bei vielen Hunden ungemein. Der Hund wird in der Regel recht schnell irgendeine Lautäußerung von sich geben, sei es ein kleines Quietschen, ein Winseln oder Wuffen. Die wenigsten Hunde machen sich sogleich mit einem tiefen Bellen Luft, weswegen auch hier erste kleine Schritte in die gewünschte Richtung verstärkt werden.

Sobald der Hund ein leises Wuffen oder Quietschen hören lässt, verstärken Sie mit **GUT** oder **CLICK** und geben schnell das Leckerchen oder Spielzeug. Der angebundene Hund, der mit seinem Lieblingsspielzeug belohnt werden soll, wird außerdem blitzschnell abgehakt und mit einer kleinen Spieleinlage erfreut. Dann bauen Sie die Übung erneut auf. Leckerchen oder „Spieli" in die Hand, den Hund in begeisterter Stimmung aufmerksam machen, Lautäußerung mit **GUT/CLICK** verstärken und mit Leckerchen oder Spielzeug belohnen.

Oft lassen sich angebundene Hunde schneller zum Bellen animieren. Bitte Brustgeschirr verwenden!

Sobald es gelungen ist, einen bestimmten Laut zu etablieren, können Sie die Anforderungen an die „Qualität der Äußerung" erhöhen. Der Hund hat ja schon gelernt, seine Stimme einzusetzen und wird dies rasch in verstärktem Maße tun, wenn der gewohnte Erfolg, sprich seine Belohnung, ausbleibt. Verstärken und belohnen Sie nun nur noch Deutlicheres und Lauteres. Auf diesem Weg gehen Sie dann weiter: Ist eine bestimmte Lautstufe gut etabliert, werden die Anforderungen etwas höher geschraubt – bis Sie bei einem (einmaligen!) Bellen angelangt sind. Erst dann führen Sie Hörzeichen **GIB LAUT** ein, jedoch noch nicht, um den Hund zum Bellen aufzufordern. **GIB LAUT** sollte noch eine Weile (je nach Übungseifer mehrere Tage) ausschließlich als Verknüpfungssignal erst in dem Moment gesagt werden, wenn der Hund auch tatsächlich bellt. Belohnung auch in dieser Phase nicht vergessen! Verlassen Sie sich dann auf Ihr Gefühl – haben Sie den Eindruck, dass Ihr Hund schon auf kleine Anfeuerungssignale mit einem Bellen reagiert? **GUT**. Dann ist in der Regel die Zeit reif und Sie können **GIB LAUT** einfordern.

Wichtig: Signal RUHIG einführen

Um das Bellen des Hundes nicht außer Kontrolle geraten zu lassen, sollte vom ersten Wuffen an stets darauf geachtet werden, direkt im Anschluss an den Laut zu belohnen, denn Lernziel ist ausschließlich das einmalige Bellen. Sinnvoll ist es zudem, gleich das Signal **RUHIG** mitzuüben, sobald der Hund erstmalig wufft: Hund bellt einmal, Mensch verstärkt mit **GUT/CLICK** und belohnt; Hund fasst sein Spielzeug oder verschluckt sein Leckerchen, Mensch gibt Hörsignal **RUHIG**. Auch das sollte unbedingt mit einem kleinen Leckerchen belohnt werden. Wie Sie nun versteckte Sichtzeichen einführen und Ihren Hund zum ultimativen Rechenkünstler machen, erfahren Sie auf den folgenden Seiten.

Info

Weinen auf Signal

Mit der beschriebenen Vorgehensweise können Sie dem Hund auch Weinen auf Hörzeichen beibringen. Die meisten Hunde nämlich reagieren zu Beginn mit Winseln,
wenn Sie angefeuert werden, sich ihr Spielzeug oder Leckerli zu holen. Die Lernschritte bleiben dabei dieselben: Hund anfeuern, kurzes Winseln mit **GUT/CLICK**
verstärken und mit Leckerli/Spielzeug belohnen. Erst dann wird ein Hörsignal, wie
BIST ZU TRAURIG?, eingeführt, damit der Hund seine Handlung mit dem Signal
verknüpfen kann. Wer möchte, kann sich als körpersprachliches Signal zusätzlich
die Augen reiben, als würde er selbst weinen und im Lauf der weiteren Übung das
Hörzeichen weglassen.

Zählen und rechnen ganz ohne Bellen – geht das auch?

Vielleicht gefällt Ihnen die Idee, Ihrem Hund Zählen und Rechnen
beizubringen, doch Sie haben eine ruhebedürftige Nachbarschaft
oder möchten aus erzieherischen Gründen das Bellen beim Hund
nicht fördern. Dann müssen Sie keineswegs darauf verzichten, Ihren
Hund auf Einsteins Pfaden wandeln zu lassen, denn das Zählen
kann ebenso gut mit dem Targetstick trainiert werden. Eine weitere,
lautlose Alternative ist das **WINKEN**. Targetstick-Training und
WINKEN sollten zuvor isoliert trainiert worden sein, um den
Hund nicht durch zu viele neue Übungskomponenten auf einmal
zu verwirren. Und selbstverständlich spricht nichts dagegen, Zählen sowohl mit als auch ohne Laut in einigem zeitlichen Abstand
einzuüben.

Wenn der Hund
gern mit den Pfoten
arbeitet, kann er
auch winken statt
bellen.

Zählen mit Winken

Voraussetzungen Hier ist die beschriebene Vorgehensweise ganz ähnlich, nur dass ein anderes Verhalten verstärkt wird. Der Hund sollte schon zuverlässig auf ein Hörzeichen winken.

So wird's gemacht Da viele Hunde, wenn man sie zum Winken auffordert, dies nicht einmalig, sondern mehrmalig tun, gilt es, exakt das erste Winken einzufangen, mit **GUT/CLICK** zu verstärken und das obligatorische Leckerchen zu geben. Hunde, die bislang schon Übungserfahrung haben, wissen, dass der Click oder das **GUT** die gewünschte Handlung markiert und werden ihr Verhalten danach mit hoher Wahrscheinlichkeit einstellen und auf ihre Belohnung warten. Damit der Hund nicht zu schnell wieder in bereits zuvor Erlerntes verfällt und erneut mehrmals winkt, soll in der Phase das einmalige Winken gründlich und geduldig geübt werden. Klappt dies, kann man trainieren, den Hund nach dem einmaligen Winken mit dem erneuten Hörzeichen **WINKEN** nochmals auffordern. Auch hier wieder möglichst sofort beim zweiten Heben der Pfote verstärken und belohnen, damit der Hund lernen kann, dass für jedes Hörsignal nur ein einmaliges Pfotenheben nötig ist. Langsam und in kleinen Schritten können Sie das einmalige Winken dann mehrmals hintereinander, jedes Mal mit erneutem Hörzeichen, üben. Wichtigstes Lernziel ist und bleibt dabei, dass der Hund nach jedem Signal **WINKEN** nur einmal die Pfote hebt.

Zählen mit dem Targetstick

Voraussetzungen   Ihr Hund berührt mit der Nase schon zuverlässig das Ende des Stabs.

So wird's gemacht   Nun verstärken Sie nicht das einmalige Berühren, sondern erst das zweite oder dritte mit **GUT**/**CLICK** und Leckerli. Üben Sie dies eine Zeit lang, bis der Hund verinnerlicht hat, dass ein einmaliger Kontakt nicht mehr ausreicht. Sobald er zuverlässig bis zu dreimal berührt, steigern Sie auf vier- bis fünfmal und verstärken/belohnen dies erneut wie gehabt. Ein Hörzeichen benötigen Sie hierfür nicht. Wenn Sie möchten, dass der Hund den Stick zweimal berührt, beenden Sie die Übung einfach mit **GUT**/**CLICK** und Belohnung, nachdem er dies zweimal getan hat. Soll er dreimal touchen, so erfolgen Verstärkung und Belohnung erst nach der dritten Berührung und so fort.

Beobachten Sie beim Mehrfach-Berühren, ob Ihr Hund nicht eventuell ermüdet oder sich gelangweilt zeigt, wenn so lange keine Belohnung erfolgt, und erhöhen die Anzahl der gewünschten Berührungen nicht zu schnell. Mit einem motivierten Hund können Sie im Verlauf einiger Spieleinheiten die gewünschten Kontakte bis auf zehn erhöhen.

Wenn Sie den Targetstick auch für andere Übungen verwenden wollen, sollten Sie auf eindeutige Startsignale achten, damit der Hund weiß, wann er zählen oder nur berühren soll.

Und jetzt ganz wie Hans – Rechnen auf Sichtzeichen

Voraussetzungen Ihr Hund beherrscht nun eine der beschriebenen Varianten: Er bellt auf Hörzeichen **GIB LAUT**, er berührt mit der Nase den Targetstick so oft, bis **GUT**/**CLICK** ertönt oder er hebt auf Signal **WINKEN** einmalig die Pfote, bei erneutem **WINKEN** noch einmal usw.

Höchste Zeit, versteckte Sichtzeichen einzuführen. Selbstverständlich ist prinzipiell nichts dagegen einzuwenden, diese von Anfang an zu geben und die wenigsten Hunde hätten wohl ein Problem damit. Doch sind wir Menschen bekanntermaßen nicht immer solche Multitaskingtalente und lernen die Dinge daher besser schrittweise.

So wird's gemacht

Schritt 1

Ganz gleich, welche der genannten Verhaltensweisen Sie mit Ihrem Hund geübt haben, nun gehen Sie folgendermaßen vor: Bei jedem geforderten Bellen/Winken/Nasenstuber am Stick blinzeln Sie mit den Augen, wackeln mit dem Zeigefinger oder dem Fuß, zucken mit dem Knie oder tupfen sich mit dem Finger ans Bein. Wählen Sie eine Variante aus und bleiben dann bei dieser: **GIB LAUT** und einmaliges Zehenwackeln, **WINKEN** und einmaliges Blinzeln usw. Beim Targettouch müssen Sie, je nachdem wie oft der Hund berühren soll, ebenfalls genauso oft blinzeln, zucken o. Ä. Beginnen Sie mit einem ein – oder höchstens zweimaligen Einfordern der Verhaltensweise und beenden jede kleine Einheit mit **GUT**/**CLICK** und Leckerchen.

Es ist ganz einfach: Sie üben weiter wie bisher und fügen Ihren Hörzeichen oder dem Berühren des Sticks durch den Hund ein Blinzeln, Fingerwackeln o. Ä. hinzu. Starten Sie mit nur einer, dann mit zwei oder drei Wiederholungen der Hör- und Sichtsignale hintereinander und belohnen. Zeigen Sie die Körpersignale zu Beginn recht deutlich! Der Hund benötigt ein klares optisches Einstiegssignal, das ihm später in abgeschwächter Form deutlich macht, dass es losgeht. Klopfen Sie zum Beispiel zeitgleich zum Hörzeichen mit der ganzen Hand leicht auf Ihre Seite oder heben den Fuß an. Arbeiten Sie dann eine Weile an der gewünschten Verknüpfung, stellen Sie sich zu Beginn in stets gleicher Manier vor den Hund und geben Hör- und Sichtzeichen gleichzeitig. Optimalerweise geben Sie Ihr verstecktes Zeichen unmittelbar vor dem Start der Übung – keinesfalls danach! Nur so kann Ihr Hund es nebenbei mit lernen.

Schritt 2

Nach einer Weile wagen Sie es einfach ohne Sprache: In bekannter Körperhaltung mit Leckerli vor den Hund stellen und bei Blickkontakt ausschließlich einmalig ein deutliches Körperzeichen geben. Zeigt der Hund nun die gewünschte Reaktion, muss der ultimative Jackpot her, reagiert er noch nicht, trainieren Sie die Verknüpfung noch eine Zeitlang und halten evtl. Ausschau nach attraktiveren Belohnungshappen.

Schritt 3

Im nächsten Schritt können Sie die Anzahl der gegebenen Sichtsignale langsam erhöhen und die Deutlichkeit Ihrer Körpersprache etwas zurücknehmen. Ihr Hund wird schnell signalisieren, wie viel Unterstützung er noch benötigt – und Sie werden staunen, was für ein guter Beobachter er ist. Wie weit Sie Ihre Sichtsignale abschwächen und wie oft hintereinander der Hund so aufgefordert werden kann, zu bellen, winken oder den Stick zu berühren, hängt ganz vom Übungseifer des Menschen und natürlich von der Motivation des Hundes ab. Da die Anforderungen für den Hund bei dieser Übung stetig steigen, darf die Belohnung in keiner Phase ausbleiben. Übrigens muss Perfektion bis zum letzten Schritt überhaupt nicht angestrebt werden, wenn man den „Klugen Hans" üben möchte. Probieren Sie einfach aus, wie lange Sie und Ihr Hund Spaß haben und entscheiden daran, wie hoch die Messlatte liegen soll.

Schritt 4

Falls Sie jedoch der Ehrgeiz gepackt hat und der Hund ebenfalls keine Ermüdungserscheinungen zeigt, warum nicht vor anderen etwas Eindruck machen? Lassen Sie sich von Ihren Bewunderern – und die sind Ihnen sicher – einfach eine beliebige Zahl oder Rechenübung im Bereich von eins bis zehn sagen, nehmen die dem Hund bekannte Haltung ein und beginnen mit dem ersten Sichtsignal. Fordern Sie Ihre Zuschauer vorher auf, den Hund ganz genau zu beobachten, um seine Leistungen besser würdigen zu können –

Während die Zuschauer den Hund beobachten, fallen Ihre kleinen Sichtzeichen gar nicht auf.

und niemand wird die leichten Zuckungen Ihres Fingers oder Zehs bemerken!

Übungsplan zum Zählen

Schritte	Wie wird's gemacht?	Wo?	Wie oft / Wie lange üben?	Hilfe, es klappt nicht!	Lernziel
Schritt 1	Suchen Sie eine Situation, in der Sie Ihren Hund zum Bellen animieren können. Der erste Quietscher (muss noch kein richtiges Bellen sein) wird belohnt!	Ohne Ablenkung, aber an einem Ort, wo sich niemand durch das Bellen gestört fühlt.	2 bis 3 Wiederholungen pro Trainingseinheit reichen nicht.	Wenn Anbinden und „Aufheizen" nicht reicht, können Sie noch probieren, einen anderen Hund hinzuzuholen, der bereitwilliger bellt. Ansonsten wirklich das leiseste Winseln bereits belohnen!	Hund gibt irgendeinen Ton von sich.
Schritt 2	Führen Sie ein Übungsritual ein (z. B. Anbinden und dann sein Lieblingsobjekt hervorholen).	Siehe oben.	Siehe oben.	Haben Sie wirklich den leisesten Ton schon belohnt?	Hund gibt ein kleines bisschen lautere Töne von sich.
Schritt 3	Warten Sie mit der Belohnung, bis Ihr Hund ein klein wenig mehr oder lauter gebellt (oder gejammert) hat.	Siehe oben.	Siehe oben.	Zurück zu Schritt 1 und 2.	Hund bellt ein bisschen lauter.
Schritt 4	Sobald die von Ihnen gewünschte Lautstärke erreicht ist, trainieren Sie nun am längeren Bellen.	Siehe oben.	Siehe oben.	Nicht zu schnell vorgehen!	Hund bellt ein wenig länger.
Schritt 5	Führen Sie ein Hör- und/oder Sichtzeichen (am besten beides) ein. Geben Sie eines davon, kurz bevor Ihr Hund zu bellen beginnt. In der nächsten Trainingseinheit das jeweils andere Zeichen.	Siehe oben.	Siehe oben.	Siehe oben.	Hund verknüpft Hör- und Sichtzeichen.
Schritt 6	Führen Sie ein Ende-Signal ein. Derzeit wird Ihr Hund zu bellen aufhören, wenn der Click oder Ihr Markerwort als Bestätigung kommt. Geben Sie nun kurz vor dem Click das Ende-Signal (z. B. Schultern herabsinken lassen), Finger sinken lassen oder, oder …	Siehe oben.	Siehe oben.	Achten Sie auf die richtige Reihenfolge: Neue Signale müssen immer vorangestellt werden, also erst neues Hörzeichen, dann das Verhalten hervorlocken, dann Belohnen.	Hund bellt so lange, bis Ihr Ende-Signal kommt.

Lecker, lecker und auch noch gut für das Gemüt

Spurensuche – nicht nur für Regentage

Voraussetzungen Für diese Übungen gibt es eigentlich keine weitere Voraussetzung, als einen Hund mit Appetit, eine Vielzahl kleiner Leckerchen – und selbstverständlich darf in den eigenen vier Wänden auch dann gesucht werden, wenn es draußen nicht regnet. Übungen dieser Art fördern die Konzentrationsfähigkeit des Hundes, seine Geduld und Ausdauer, beanspruchen seine Sinne und wirken ausgleichend.

So wird's gemacht Nehmen Sie eine Handvoll kleiner Leckerlis zur Hand und legen
Schritt 1 mit diesen im Abstand von etwa 15 bis 20 Zentimetern eine kleine gerade Strecke von ein bis zwei Metern. Wählen Sie dafür beim ersten Mal einen möglichst glatten und einfarbigen Bodenbelag, um es dem Hund leicht zu machen. Am besten eignen sich Fliesen, Holzboden o. Ä., da der Hund hier für die ersten Schritte seine Augen zur Hilfe nehmen kann. An das Ende der „Fährte" deponieren Sie einen besonders guten Happen, je nach Gusto des Tieres Fleischwurst, Käse oder eine andere kleine Leckerei. Der Hund darf Ihnen gerade bei seiner ersten Schnüffelstunde beim Legen der Spur ruhig zuschauen. Das fördert in der Regel seine Motivation, doch soll er nicht loslegen, bevor Sie fertig sind und ihm ein Zeichen, wie **SUCH'S**, geben. Zeigen Sie dem Hund dann den Beginn der Spur, motivieren ihn beim Suchen mit der Stimme und loben bei jedem erschnüffelten Happen. Je nach Hundetyp sollte ein ruhiger oder schüchterner Hund etwas angefeuert werden, während lobende Worte in ruhigem Tonfall für eher hektische, zur Nervosität neigende Tiere passend sind. Die nächste Schwierigkeitsstufe kann in aller Regel schnell erklommen werden, da die meisten Hunde Leckerchensuchspiele lieben und gleich mit viel Freude bei der Sache sind.

Schritt 2 Nimmt der Hund die Leckerchen geradeaus schon sicher, können Sie ihm eine kleine Kurve legen, nach rechts, nach links, ganz wie Sie möchten. Auch dies sollten Sie noch ein Weilchen auf einfachem Untergrund üben.

Schritt 3 Rasch wird der Hund erkennen, dass es mit **SUCH'S** ans Auffinden von Fressbarem geht. Dann muss er keineswegs mehr zuschauen, während seine Spur gelegt wird. Zeigen Sie ihm nur noch den Beginn der Spur und helfen ihm, sofern erforderlich, lediglich mit leichtem Deuten am richtigen Ort, wenn er gar nicht mehr weiter weiß.

Eine einfache Startfährte.

Schritt 4　Sobald Sie mit Kurven auf leichtem Untergrund erfolgreich sind, haben Sie mehrere Möglichkeiten die Anforderungen anzuheben. Verlängern Sie die Suchspur oder üben auf anderem Boden. Beginnen Sie wieder mit einer einfachen Gerade, meistert der Hund diese problemlos, können Kurven oder auch einfache Buchstaben oder Zahlen gelegt werden. Achten Sie hierbei lediglich darauf, dass die Leckerchen weit genug auseinanderliegen und wählen einfache Zeichen, wie das C, das L, die 1 oder die 3 usw., die ihn nicht von der Spur abbringen. Bei leichten Spuren dürfen Sie die Leckerchen ruhig schon etwas ausdünnen, sodass sich der Hund noch mehr anstrengen kann. Besitzen Sie gemusterte Teppiche, können diese als nächste Herausforderung dienen. Dort sieht der Hund die Leckerchen evtl. gar nicht mehr und kann seine Nase in reinster Form zum Glänzen bringen. Bei allen Schwierigkeitsstufen soll er am Ende einer jeden Fährte ein besonderes Leckerli zur Belohnung finden. Färtensuchspiele können dem Hund im Haus an den verschiedensten Stellen angeboten werden. Ein halbdunkler Kellerraum kann dabei für den Hund mindestens genauso attraktiv sein wie der gepflegte Flokati-Teppich im Arbeitszimmer.

Beobachten Sie Ihren Hund genau: Benutzt er auch die Augen oder sucht er nur mit der Nase?

Info

Merksatz für alle Übungen

Ganz generell empfiehlt es sich, bei einer eingeführten Übung stets nur eine Variable zu verändern und nicht zwei oder gar drei auf einmal. Denken Sie immer an den Flow! Dieser erstrebenswerte Zustand wird nur durch Anstrengung in dem Bereich zwischen Unter- und Überforderung erreicht! Hier kommt natürlich die Individualität eines jeden Hundes ins Spiel. Was den einen Hund schnell langweilt, kann für den nächsten durchaus eine größere Herausforderung darstellen! Doch dafür, was Ihr Hund an Neuem benötigt und was ihn eventuell überfordert, werden Sie ein immer schärferes Auge entwickeln, je mehr Sie gemeinsam spielen!

Hochkonzentriert
bei der Sache!

Variante: Die Spur zum geheimen Suchort

Ein schönes Suchspiel ist die Spur zu einem geheimen Suchort. Dazu sollte der Hund eine Gerade oder einen leichten Bogen sicher bis zum Schluss absuchen können. Als geheimer Suchort kann dienen, was dem Hund nicht gefährlich werden und wo kein Schaden entstehen kann. Nutzen Sie zum Beispiel niedrige Regale oder Stühle, um dort den besonderen Belohnunghappen am Ende der Suchspur zu verstecken. Sofern Ihr Hund eine Spielkiste hat, kann in dieser das Belohnungsleckerli verborgen werden. Ist der Hund noch gewöhnt, seinen letzten Happen stets auf dem Boden am Ende der Fährte zu entdecken, helfen Sie ihm ein paar Mal mit **SUCH'S** und deuten an die entsprechende Stelle. Schnell wird er erkennen, dass der Endpunkt ganz unterschiedlich aussehen kann. Beliebt sind auch Decken als geheimer Suchort. Hier sollten solche gewählt werden, um die es nicht schade ist, denn häufig setzen Hunde ihre Pfoten ein und scharren, um ans Ziel zu kommen. Kleinen Hunden kann man die Spur zum geheimen Suchort unter das Sofa legen und wer alte Schuhe hat, um die es ihm nicht leid tut, kann diese als geheimen Suchort ausprobieren.

Erziehungsfalle Futtersuchspiele?

Sich bei der Beschäftigung mit dem Hund Gedanken über Auswirkungen auf den Erziehungsstand zu machen, ist sinnvoll und die Überlegung, ob der Hund nicht das Klauen lernt, wenn er regelmäßig an allen möglichen Orten kleine Happen findet, liegt nicht fern. Und doch können Hunde problemlos unterscheiden lernen: „Aha, jetzt geht es ums Finden von Futter, das Frauchen mir irgendwo ausgelegt hat!" und „Das Essen auf dem Tisch riecht echt lecker, aber in Tischnähe darf ich nun mal nicht!" Allerdings setzt die Entwicklung dieser Unterscheidungsfähigkeit jemanden voraus, der diese Unterschiede auch vermittelt und beibringt – und das kann nur der erziehende und eindeutig kommunizierende Mensch sein. Ihre Stimmung, Ihre Körperhaltung, Ihr Clicker, Targetstick und was eben noch so bei Spiel und Spaß zum Einsatz kommt, vermitteln dem Hund unmissverständlich, dass das, was nun passiert, von Ihnen gewollt ist. Genauso lernt er bei ebenso eindeutigem und konsequentem Verhalten, dass zum Beispiel das Liegen unter dem Tisch während des Essens für ihn tabu ist, ein klares Nein auch dann gilt, wenn Ihnen in der Küche versehentlich etwas zu Boden fällt oder dass es nicht gestattet ist, den Kindern das Eis aus der Hand zu schlecken. Gerade Meisterdieben unter den Vierbeinern tut eine mäßige Befriedigung ihrer „Naschsucht" durch gezielte Suchspiele ebenso gut wie das gleichzeitige Erlernen von Tabugrenzen im Bereich Essen für Menschen. Hunde, die ein Futtertabu in Sachen Lebensmittel, die sie nichts angehen, ohnehin schon kennen, werden gemeinsame Futtersuchspiele davon mit Leichtigkeit unterscheiden und ihr Erziehungsstand wird keinen Schaden erleiden.

Lassen Sie sich durch die Sorge, Ihr Hund könnte zum Dieb oder Müllschlucker werden, den Spaß und Nutzen von Futtersuchspielen nicht verderben.

Für große Publikumsaugen: Mein Hund kann lesen!

Voraussetzungen Spielübungen der folgenden Art sind hervorragend geeignet, um die Feinabstimmung in der Kommunikation zwischen Besitzer und Hund zu verbessern, sie fördern die Verständigung ohne Worte. Da das Erschnüffeln von Bogen, Kurven und Ähnlichem für den Hund eine leicht zu erlernende Sache darstellt, drängt sich dieser Trick geradezu auf, um ein weiteres Mal Zuschauer zu beeindru-

Sehen Sie das Sichtzeichen?

cken. Neben dem sicheren Erschnüffeln von Bögen, ersten leicht zu legenden Buchstaben oder Zahlen muss sich der Hund körpersprachlich in eine bestimmte Richtung lenken lassen, was er evtl. in der Übung „Den Hund mit Körpersignal in eine bestimmte Kiste schicken" (siehe Seite 57) gelernt hat oder auf andere Weise bereits beherrscht. Sollte Ihr Hund dies noch nicht können, ist das Aneignen des „Schickens per Körpersignal" an den Kisten zunächst ratsamer, da das ausgelegte Futter viele Anfänger in zu große Aufregung versetzt und ihnen das Lernen schwer macht.

Ganz allgemein ist dieser Trick für solche Hunde geeignet, die zwar futtermotiviert, aber dennoch kontrollierbar sind. Denn bevor es auf Ihr Hörzeichen **SUCH'S** losgeht, muss der Hund noch einen Moment geduldig neben Ihnen verharren, um Ihr Körpersignal beobachten zu können. Ob der Hund dabei im **SITZ**, **PLATZ** oder bloßem **BLEIB** wartet, spielt keine Rolle.

So wird's gemacht
Schritt 1

Üben Sie zunächst ohne fremde Augen und Ablenkung, legen zwei Buchstaben oder Zahlen, beispielsweise ein C und P mit ausreichend Abstand voneinander auf den Boden. Auch wenn Ihr Hund

in der Kistenübung schon auf eine dezentere Form der Körpersprache reagieren gelernt hat, sollten Sie wieder mit überdeutlich sichtbaren Zeichen beginnen. Denken Sie immer daran, dass mit dem Hund zwar gerade auf bekannte Weise kommunziert wird, eine wesentliche Übungsvariable dabei aber verändert wurde: Statt in eine Kiste wird nun auf eine Suchspur gedeutet. Eine veränderte Situation also, was bedeuten kann, dass Ihr Hund kurzzeitig wieder stärkere Signale und Hilfen benötigt. Schicken Sie den Hund nun mit einem deutlichen Handzeichen und einer kleinen Beugung des Knies nach links oder rechts und geben Hörzeichen **SUCH'S C**. Rufen Sie Ihren Hund, sobald er den ersten Buchstaben erschnüffelt hat, zu sich, und geben ihm eine ganz außergewöhnliche Belohnung direkt bei Ihnen aus der Hand. Sinn und Zweck ist, dass der Hund sich möglichst nicht übergangslos auf den zweiten Buchstaben stürzt, sondern erst nach kurzem Verharren auf Ihr erneutes **SUCH'S P** loslegt. Sollte Ihr Hund in Sachen **KOMM** unter Ablenkung noch nicht ganz so sattelfest sein, können Sie sich folgendermaßen behelfen: Stellen Sie sich, während der Hund den Buchstaben erschnüffelt, dezent an das Ende der Suchspur und locken ihn von dort einfach mithilfe des besonderen Belohnungshappens wieder an den Ausgangspunkt zurück, wo er das Leckerchen dann auch bekommen darf. Doch Vorsicht: Diese Belohnung sollte sich noch nicht in Ihrer Hand befinden, wenn der Hund auf der Suchspur startet, um ihn nicht unnötig abzulenken.

Wer diesen Zwischenschritt nicht benötigt, kann den Hund zur Belohnung fürs Kommen aber auch mit **SUCH'S P** schnell wieder auf die zweite Spur schicken.

Schritt 2	Wie in der Kistenübung werden die Körpersignale nun im nächsten Schritt sukzessive reduziert, bis nur noch ein leichtes Zucken mit dem Knie in die passende Richtung erforderlich ist.
Schritt 3	Wer innerhalb der Wohnung eine genügend große Fläche zur Verfügung hat, kann die Übung – je nach Lust – noch um ein bis zwei Zeichen erweitern. Denkbar ist auch, die Buchstaben etwas kleiner zu legen. Wichtig bleibt, dass die Buchstaben bzw. Zahlen weit genug auseinanderliegen, damit keine Missverständnisse aufkommen. Sie werden nach einigen Übungseinheiten schnell feststellen, wie nahe die Spuren beieinanderliegen dürfen, ohne dass es zu Fehlschlägen kommt.
Schritt 4	Wenn die vorherigen Schritte klappen, können Sie vor Publikum auftreten. Ihren Auftritt vor Zuschauern können Sie so einleiten: Behaupten Sie einfach, Ihr vierbeiniger Freund könne lesen und lenken so die Aufmerksamkeit von sich weg auf den Hund. Großen Eindruck macht dieser Trick, wenn man den Hund vorher kurz vor der Tür warten lässt und schließlich hereinruft, um ihn entsprechend zu schicken (auch das Warten vor der Tür vorher allein üben!). Wer im Garten schon dieselbe Übungsaufmerksamkeit vom Hund erhält wie in der Wohnung, kann das Lesetraining natürlich ebenso gut dorthin verlegen.

Übrigens: Es lohnt sich diese kleine Übung auch dann zu testen, wenn man gar kein Interesse hat, anderen etwas vorzuführen. Gemeinsames, auf Körpersprache basierendes Spiel macht ganz einfach Spaß und ist eine echte Entdeckung; Sie werden Ihren Hund in ganz anderem Licht sehen lernen. So ganz nebenbei sollten Sie bei diesen Übungen Ihr Augenmerk auf ruhiges Warten legen – eine sehr gute Übung zur Selbstbeherrschung.

„Sehen" mit der Nase: Für Hunde eine Kleinigkeit?

Was Hunde mit ihren Nasen im Dienste der Gesellschaft alles leisten, ist an Superlativen schwerlich zu überbieten: Sie suchen und finden in Zusammenarbeit mit ihren Ausbildern regelmäßig vermisste alte Menschen, die orientierungslos herumirren, erschnuppern dabei deren Geruchsmoleküle aus einer Million anderer heraus, ignorieren dabei sogar stark duftende Desinfektionsmittel, wie zum Beispiel geschehen bei der Suche nach einer Patientin in einem Starnberger Krankenhaus, die samt Langzeit-EKG mitten in der Nacht aus der Klinik gerannt war und Stunden später stark unterkühlt nur mithilfe eines Hundes noch rechtzeitig gefunden wurde. Suchhunde arbeiten zuverlässig in an Hektik kaum zu überbietenden Katastrophengebieten, seit etwas neuerer Zeit erschnüffeln Hunde sogar Brandsätze und Krankheiten, fast schon traditionell Sprengstoff und Drogen. Doch so selbstverständlich uns mittlerweile Meldungen über Supernasen fast schon täglich umgeben, sind sie keineswegs. Alle diese Hunde sind auf das Beste ausgebildet, was jede Menge Training voraussetzt, für das nicht jeder Hund gleich gut geeignet ist, auch wenn er eine noch so gute Nase besitzt, diese aber eventuell lieber in den Dienst von aus menschlicher Sicht unerwünschter jagdlicher Betätigung stellt.

Was wir von diesen vierbeinigen Profis lernen können ist, wie sehr Nasenarbeit einen Hund auslastet: So brauchen Spürhunde auf einem Trümmerfeld nach 10 bis 20 Minuten eine Pause von ein bis zwei Stunden und oft ist die Rede von maximal zwei Einsätzen pro Tag. Bei Leichensuchhunden spricht man von einer 15- bis 20-minütigen Einsatzdauer. Wenn wir also mit unseren Hunden ganz spielerisch „Nasenarbeit" betreiben, ist dies bei allen Fähigkeiten für sie keineswegs immer eine Kleinigkeit. Nasentraining fordert den Hund und ist ohne viel Aufwand hervorragend geeignet, ihm ein ausgeglichenes Leben zu bieten.

Der Bloodhound – der Suchkünstler unter den Hunden

Raus nach draußen mit allen Sinnen

Suchspuren im Freien

Auf Futtersuche

Voraussetzungen

Viele der schon beschriebenen „Spurensuchspiele" lassen sich ebenso gut nach draußen übertragen – einige verlangen sogar geradezu nach Natur! Warum also nicht die ohnehin für Spaziergänge investierte Zeit nutzen, um dem Hund Abwechslung und Auslastung zu bieten, die auch noch Spaß macht. Suchspiele im Freien sind generell für alle Hunde gut geeignet. Hunden, die sich draußen schlecht auf ihren Menschen konzentrieren, kann man Suchspiele für eine Weile erst einmal drinnen, oder wenn möglich, im Garten anbieten. Die meisten lassen sich danach auch in Wald und Wiese gern zu Suchspielen einladen. Ein Muss sind regelmäßige Nasenspiele für alle ausschließlich als Familienhunde gehaltenen Jagdhundrassen und -mixe. Diese Beschäftigungsformen wirken in der Regel stark bindungsfördernd und ausgleichend.

So wird's gemacht

Halten Sie Ihren Hund einen Moment fest. Am besten trägt er ein Geschirr. Nehmen Sie ein kleines Leckerchen zur Hand und zeigen es dem Hund. Optimalerweise geben Sie dem Hund dabei das Hörsignal **GUCK MAL**. Sobald er Blickkontakt aufnimmt, werfen Sie den Happen ca. einen Meter weit weg ins Gras oder auf den Feldweg. Das zwischengeschaltete **GUCK MAL** steigert die Aufmerksamkeit des Hundes bei regelmäßiger Anwendung enorm und signalisiert außerdem den Beginn einer neuen Situation.
Lassen Sie den Hund dann los und feuern ihn bei seiner Suche tüchtig an. Loben Sie ihn, wenn er den Happen gefunden hat. Hat er Schwierigkeiten, zeigen Sie in die richtige Richtung und ermuntern ihn weiterzusuchen. Je nachdem wie konzentriert und erfolgreich der Hund zur Sache geht, kann die Wurfweite schrittweise erhöht werden. Generell sollte er sich beim Suchen immer anstrengen müssen, ohne dabei die Lust zu verlieren. Nutzen Sie für dieses Spiel alle unterschiedlichen Untergrundflächen, die Ihr Spazierweg

Erst Blickkontakt, dann suchen!

bietet. Werfen Sie die Leckerchen mal auf Gras, mal ins Laub usw. Letzteres stellt für die meisten Hunde eine Herausforderung der besonderen Art dar. Wer seinen Hund für einen Moment ins **PLATZ** legen kann, sollte dies im Laufe der Zeit unbedingt nutzen, um einmal ein Leckerchen in einem Laubhaufen zu verstecken und den Hund dann auf Hörzeichen **SUCH'S** hinlaufen zu lassen. Gute Suchorte sind auch kleine Anhäufungen von Ästen, die im Wald immer wieder am Wegesrand zu finden sind. Legen Sie den Hund ins **PLATZ** oder halten ihn alternativ am Geschirr fest. Werfen Sie dann ein Leckerchen in den Haufen oder verstecken es darunter und lassen den Hund mit **SUCH'S** los. Im Laufe der Zeit können Sie das **GUCK MAL** nutzen, um auf jedem Spaziergang immer einmal wieder ganz unvermittelt ein Suchspiel an geeigneter Stelle einzuleiten: Geben Sie das Signal **GUCK MAL**, werfen das Leckerchen bei Blickkontakt entsprechend weit weg und unterstützen den Hund beim Suchen mit freudiger Stimme.

Es gibt nichts, was Hunde so gut und artgerecht auslastet wie Suchen.

Info

GUCK MAL als Erziehungshilfe

Viele Hunde, die bei Ablenkung nur mäßig auf **KOMM** reagieren, lassen sich nach einiger Zeit der Übung durch **GUCK MAL** mit anschließendem Suchspiel sehr gut fixieren. Probieren Sie es unbedingt aus! Hunde, die draußen nicht frei laufen können, sind für derart aufgebaute Nasenspiele ebenfalls dankbar und können so im Freien eine höhere Aufmerksamkeit ihren Menschen gegenüber entwickeln. Hier unbedingt eine längere Leine verwenden.

Wo ist mein Spielzeug?

Natürlich können Sie draußen auch Suchspiele mit Spielzeug anbieten. Nehmen Sie dazu das Lieblingsspielzeug des Hundes mit nach draußen. Optimalerweise sollte er das nicht bemerken. Je kleiner das Spielzeug desto größer die Herausforderung.

So wird's gemacht

Da das Spielzeug jedoch beim Wegwerfen vom Hund schon mit den Augen geortet wird, empfiehlt sich folgende Vorgehensweise: Binden Sie den Hund kurz an einer geeigneten Stelle an, machen ihn mit **GUCK MAL** auf sein Spielzeug aufmerksam (Spielzeug dabei am besten vor das eigene Gesicht halten, damit die Aufnahme von Blickkontakt gewährleistet ist!) und vergraben es dann etwa ein bis zwei Meter vom Hund entfernt unter einem Laubhaufen oder unter einigen Ästen. Zu Beginn darf der Hund dabei ruhig zusehen. Nach einer kurzen Weile können Sie schon hinter einem Baum o. Ä. verschwinden, um das Spielzeug dort zu verstecken. Wer seinen Hund kurz ins **PLATZ** legen kann, braucht ihn natürlich während des Versteckens nicht anzubinden und kann ihn mit **SUCH'S** sogar noch auf schöne Weise für sein braves Benehmen bei der Ablage belohnen. Eine kurze Spieleinlage gemeinsam mit dem Menschen bildet den Abschluss einer jeden Suche. Sobald Sie regelmäßig draußen „spielend suchen", werden Sie mit ganz anderen Augen durch Ihre Umwelt gehen und stets neue ganz natürliche Versteck- und Suchmöglichkeiten finden – ganz gleich, ob für Futterhäppchen oder für Spielzeug.

Verstecken (z. B. unter Laub) oder in einen Strauch hängen – es gibt so viele Variationsmöglichkeiten.

Auf Fußspurensuche

Voraussetzungen Hier lernt der Hund, menschliche Fußspuren zu verfolgen. Das ist keineswegs so schwierig, wie es klingt. Hunde lernen leicht, sich am Geruch des Menschen, an den vielen kleinen Hautpartikeln, die dieser beständig verliert oder an Bodenverletzungen zu orientieren. Das machen wir uns für die Fußspurensuche zunutze. Geeignet ist dieses Suchspiel für alle Hunde, die sich für Futter oder besondere Häppchen (Fleischwurst, Hühnerbrust etc.) begeistern können. Die Fußspurensuche fördert Konzentrationsfähigkeit und Ausdauer und hat wie alle regelmäßig angebotenen Nasenspiele eine ausgleichende Wirkung.

Auch Kleinhunde haben selbstverständlich Spaß am Suchen.

So wird's gemacht
Schritt 1

Für die ersten Schritte sollte der Boden weder zu feucht noch zu trocken und auch nicht gefroren sein. Starker Wind ist ebenfalls kontraproduktiv. Am besten suchen Sie auf einer kurz gemähten Wiese (morgens mit Tau!) oder auf einem frisch geeggten Acker. Stark frequentierte Wiesen sind nicht geeignet. Binden Sie Ihren Hund zunächst an geeigneter Stelle in unmittelbarer Nähe an. Ein Erdanker kann hierbei gute Dienste leisten. Markieren Sie den Startpunkt zur Orientierung mit einem großen Stein oder einem in den Boden gesteckten Stock. Treten Sie ein Dreieck in den Boden, sodass die Spitze des Dreiecks auf den Beginn der geplanten Fährte weist. Legen Sie in dieses Dreieck fünf bis sechs ganz kleine Leckerchen (max. 0,5 cm).

Schritt 2

Legen Sie an die Spitze des Dreiecks ein weiteres Leckerchen und treten so mit dem Fuß darauf, dass ein deutlicher Fußabdruck entsteht. Treten Sie danach einen Schritt weiter und markieren einen weiteren, deutlichen Fußabdruck, in den Sie ein bis zwei weitere Leckerchen legen. Achtung: Laufen Sie ab jetzt nur noch die Fährte lang und nicht mehr zurück oder zur Seite! Mit dem nächsten Schritt formen Sie wieder einen deutlichen Abdruck, in den ein Leckerli gelegt wird. Auf diese Weise „arbeiten" Sie sich Schritt für Schritt ein bis zwei Meter voran. Versuchen Sie, strikt geradeaus zu laufen und suchen sich dazu am besten einen Orientierungspunkt im Gelände oder am Horizont, wie einen Baum, einen Hügel o. Ä. Für jeden neuen Schritt legen Sie ein Leckerchen aus und treten kräftig darauf, damit der gewünschte Fußabdruck entsteht. Die erste Fährte sollte etwa fünf bis zehn Meter – je nach Nasenerfahrung und Konzentrationsfähigkeit Ihres Hundes – lang sein. Am Ende der Fährte warten in einem letzten Abdruck eine ganze Handvoll Leckerlis auf den Hund. Damit diese nicht vorzeitig sichtbar sind, kann ein kleines Loch in den Boden gedrückt werden. Verlassen Sie die Fährte an ihrem Ende seitlich mit möglichst großen Schritten. Wenn Sie denselben Weg wieder zurückgehen, wird die Unterscheidung für den Hund zu schwer, wenn nicht gar unmöglich.

Der erste Start für Anfänger: Für das Foto hier ein überdeutlicher Fährtenanfang.

Schritt 3

Die ersten Übungsfährten können Sie ruhig direkt im Anschluss in Angriff nehmen. Es ist für Hunde aber auch überhaupt kein Problem, die Fährte erst nach einiger Zeit zu suchen. Sobald Ihr Hund ein klein wenig Erfahrung hat, können Sie durchaus erst einmal eine Runde spazieren gehen und erst danach auf die Fährte gehen. Diese Fährte zu suchen, stellt für jeden Hund nasentechnisch gesehen keinerlei Problem dar. Wir benötigen die Leckerchen auch „nur" als Krücke, um dem Hund verständlich zu machen, was er da ausfindig machen soll (in diesem Fall unsere Spur).

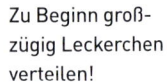

Zu Beginn groß-
zügig Leckerchen
verteilen!

Schritt 4

Nun gehts endlich los. Mit Sicherheit ist Ihr Hund schon aufgeregt und begierig zu erkunden, was Sie da so getrieben haben! Nehmen Sie den Hund an einer kurzen Leine (besser Geschirr als Halsband tragen lassen) und gehen mit ihm zu dem Dreieck. Halten Sie kurz vor dem Dreieck noch einmal einen Moment inne, damit Zeit bleibt, den Hund in Ruhe vorzubereiten. Zeigen Sie mit der Hand auf den Boden und geben ein freudiges **SUCH'S**. Den Hund schneller zu machen oder anzutreiben ist unnötig, macht ihn eher hektisch und unkonzentriert. Bleiben Sie eng neben oder direkt hinter dem Hund. Sollte er einige Leckerchen übersehen, ziehen Sie ihn nicht zurück. Versuchen Sie stattdessen durch langsames Bewegen und deutliches Zeigen Ruhe in die Übung zu bringen. Verhindern Sie durch Zeigen auf die Fußspuren auch, dass er einen falschen Weg einschlägt oder gar auf der Fährte umkehrt. Am Ende der Fährte darf der Hund den Leckerchenhaufen fressen und wird selbstverständlich gelobt. Entlassen Sie ihn mit **LAUF** oder einem ähnlichen Freigabewort aus der Übung. Sollte er sich nun selbstständig noch etwas auf der Fährte umsehen, so lassen Sie ihn ruhig. Offenbar hat er Spaß am Suchen gefunden und möchte nachsehen, ob er nicht etwas übersehen hat!

Ist Ihr Hund noch ausreichend motiviert, können Sie eine zweite Fährte legen. Diese sollte bei Windstille mindestens 10 bis 20 Meter von der ersten entfernt sein. Sobald der Hund selbstständiger und sicherer sucht, können Sie eine längere Leine wählen und weiter hinter dem Hund zurückbleiben.

Schritt 5

Nun kann die Fährtenlänge erhöht werden. Das ist bei den meisten Hunden recht rasch möglich. Hunde, die langsam und sorgfältig suchen, strengen sich in der Regel mehr an. Bei ihnen sollte man die Länge nicht zu schnell steigern. Hektischen Hunden hingegen verhilft eine längere Suchstrecke oft zu mehr Ruhe. Sie können die Strecke insgesamt im Laufe der Zeit auf 20 bis 30 Meter, bei sehr eifrigen Vierbeinern und Nasenspezialisten, bis auf 50 Meter ausdehnen. Mit zunehmender Sicherheit werden die ausgelegten Leckerlis reduziert. Lassen Sie dabei zunächst bei jedem dritten oder vierten Schritt das Häppchen weg, im weiteren Übungsverlauf

bei jedem zweiten. Sucht der Hund dabei immer noch sicher, legen Sie nun nur in jeden dritten oder vierten Schritt ein Leckerchen aus. Auf eine weitere Reduzierung sollten Sie in diesem Stadium verzichten.

Bleiben Sie immer hinter bzw. leicht seitlich versetzt von Ihrem Hund und drängeln Sie nicht durch Vorlaufen oder zu viel Zeigen und Helfenwollen.

Schritt 6

Haben Sie erfolgreich auf einer geraden Fährte trainiert, können nun leichte Bögen eingeführt werden. Legen Sie dabei kurz vor und im Bogenverlauf wieder vermehrt Leckerlis aus. Direkt nach dem Bogen folgt dann das Ende der Suchstrecke mit dem kleinen Jackpothäufchen.

Üben Sie Suchstrecken mit leichten Bögen mal in die eine, mal in die andere Richtung. Bei entsprechender Übung kann die Anzahl der ausgelegten Häppchen dann erneut reduziert werden. Im Laufe der Zeit können aus den Bögen schrittweise Kurven, aus den Kurven regelrechte Winkel werden. Bei jeder Schwierigkeitssteigerung zu Beginn wieder mehr Futter auslegen!

Viele Hunde gewinnen am Suchen so viel Freude, dass die Leckerchen schließlich stark ausgedünnt oder sogar ganz weggelassen werden können. Sie suchen dann tatsächlich nur noch nach der Fußspur! Doch der Jackpot am Ende sollte nie fehlen. Wer einen sehr spielfreudigen Hund hat, kann am Ende der Suchstrecke auch einen Ball vergraben.

Tipp

Wenn es nicht klappt

Tauchen bei der Fußspurensuche Schwierigkeiten auf, üben Sie entweder einige Tage gar nicht oder legen wieder einmal eine ganz einfache gerade Fährte mit viel Leckerchen.

Variante: Verlorene Gegenstände anzeigen

Voraussetzungen und Hilfsmittel

Diese Variante eignet sich für alle Hunde, die Spaß an der Fußspurensuche haben, **PLATZ** beherrschen und nicht zu ungeduldig sind.

Verwenden Sie einen Gegenstand, den Sie eine Weile am Körper getragen haben und der Ihren Individualduft trägt. Geeignet sind alte Geldbörsen, Stofftaschentücher usw.

So wird's gemacht

Legen Sie zum Beispiel die Börse an einer bestimmten Stelle der Fährte in den Fußabdruck und stecken darunter ein Leckerchen in den Boden. Dann legen Sie die Fährte wie gewohnt weiter. Nehmen Sie den Hund zunächst wieder an eine kurze Leine und setzen ihn auf die Fährte an. Sobald der Hund an dem Geldbeutel ankommt und diesen wahrnimmt, geben Sie ein freundliches **PLATZ**. Ziel ist, dass der Hund lernt, den Anblick des Gegenstands mit der Ablage zu verknüpfen und diesen im Laufe der Übung eben durch Ablegen anzuzeigen. Dafür benötigt er natürlich eine unmittelbare Belohnung seines Verhaltens. Geben Sie ihm das Leckerchen, das unter der Börse liegt, loben freundlich und lassen ihn mit Hörzeichen **SUCH'S** weitersuchen. Mit dem Verweisen von Gegenständen auf der Suchstrecke soll man es nicht übertreiben. Nicht für alle Hunde ist es erstrebenswert, auf der Fährte zu häufig innezuhalten. Um das Verweisen durch Ablage etwas attraktiver zu gestalten, dürfen Sie dafür einen extra leckeren Happen verwenden.

Konzentriert bei der Arbeit

Der Start zur ersten
Personensuche

SUCH DAS FRAUCHEN!

Voraussetzungen Die gesuchte Person sollte ein enger Bindungspartner des Hundes
sein, zudem benötigt man eine Hilfsperson. Geeignet ist dieses
Spiel für alle Hunde, die auch draußen eine gute Bindung an ihre
Menschen zeigen.

So wird's gemacht Eine Hilfsperson hält den Hund am Geschirr fest, während Sie sich
Schritt 1 schnell und aufgeregt rufend entfernen. Springen Sie beim ersten
Mal einfach hinter den nächsten Baum oder Holzstoß in Sichtweite.
Sobald Sie verschwunden sind, lässt Ihre Hilfsperson den Hund los
und feuert ihn bei der Suche an. Sind Sie gefunden, folgen begeistertes Lob und ein kurzes Spiel. Bei den ersten Versuchen kommt es
nur darauf an, dass der Hund möglichst schnell Erfolg hat, begreift
worum es geht und durch ein attraktives Belohnungsspiel möglichst
viel Spaß an dieser Übung findet. Dann kann gesteigert werden.

Bitte Suchen immer
am gutsitzenden
Geschirr

Schritt 2   Verstecken Sie sich um die Ecke außerhalb des direkten Sichtfeldes
des Hundes an einer geeigneten Stelle. Erhöhen Sie die Strecke, die
der Hund bis zu Ihrem Versteck zurücklegen muss. Haben Sie das
Gefühl, dass Ihr Hund eine vollkommen falsche Suchrichtung einschlägt, rufen Sie ruhig, zunächst ganz leise, nach ihm.
Gut geeignete Versteckflächen hält der Waldrand bereit, lediglich
bei jagdlich motivierten Hunden muss man hier abwägen, ob dem
Hund evtl. etwas Anderes wichtiger sein könnte. Beliebt und gut
geeignet sind diese Versteckspiele auch für Familien mit Kindern,
wobei die Erwachsenen den Hund festhalten sollten, damit die Kinder gesucht werden können.

Feuchte Spuren

Voraussetzungen Hier verfolgt der Hund eine feuchte Spur auf Teerboden. Dieser muss unbedingt trocken sein. Sie benötigen entweder eine Wasserspritzpistole oder eine unbenutzte, neue und rückstandsfreie Blumenspritze. Diese befüllen Sie mit einer gut riechenden Flüssigkeit, etwa eine dünne Fleischbrühe oder Wasser aus der Würstchendose. Aufwendiger, aber für den Hund mindestens genauso interessant, ist klares Wasser, in dem zuvor ein nass geschwitztes Shirt (von Ihnen) ausgewrungen wurde. Geeignet ist diese Art der Beschäftigung für alle Hunde, die gern Spuren mit der Nase nachgehen.

Keine Zeit fürs Mantrailing und keine geeignete Grünfläche für eine Leckerchenfährte in der Nähe? Suchen kann man auch auf der Straße oder Parkplätzen.

So wird's gemacht Sprühen Sie auf den trockenen Teerboden eine ca. zwei bis drei Meter lange, lückenlose Spur. An das Ende der Spur legen Sie einen kleinen Stein mit einem dahinter versteckten Häppchen. Wer mit dem Clicker arbeitet, clickt am Ende der Spur und gibt dem Hund das Leckerchen direkt aus der Tasche. Diese Variante ist eigentlich die bessere, da der Hund das Leckerli so auf keinen Fall sehen kann. Die Gefahr, dass er spätestens nach einigen Wiederholungen schnurstracks an das Ende der Sprühfährte laufen wird, ist mit dem Clicker ausgeräumt. Hat der Hund eine gerade Spur mehrmals ohne Probleme genommen, kann die Suche auf dieselbe Weise wie oben noch interessanter und abwechslungsreicher gestaltet werden. Die Suchspur wird nun immer länger und kurvenreicher und bleibt länger „liegen". Im Sommer können Sie warten, bis sie gänzlich verdunstet und – zumindest nach menschlichem Ermessen – nicht mehr zu erkennen ist.

Gegenstände identifizieren

Voraussetzungen   Der Hund lernt in diesem Suchspiel, aus mehreren identischen Gegenständen denjenigen herauszuschnuppern, der den Geruch seines Menschen trägt. Das Hörzeichen **SUCH'S** sollte er im Rahmen anderer Suchspiele schon kennengelernt haben. Sie benötigen mehrere Gegenstände derselben Art und Optik, wie etwa Wäscheklammern aus Holz oder Stofftaschentücher. Die Tücher sollten frisch gewaschen und die Klammern neu und unbenutzt sein, damit sie geruchsneutral sind. Besorgen Sie sich eine Grillzange, damit Sie die Klammern oder Tücher nicht mit den Fingern anfassen müssen und bewahren die Gegenstände entweder in einer Plastikbox oder einem festverschließbaren Plastikbeutelchen auf. Viele Gefrierbeutel besitzen eine Art Reißverschluss und sind daher sehr gut geeignet. Die Übung fördert beim Hund Konzentrationsbereitschaft und steigert die Begeisterung des Menschen für seine Fähigkeiten oft ins schier Unermessliche.

Hilfreich: Einmalhandschuhe oder Grillzange.

Welches ist das
Richtige?

So wird's gemacht

Schritt 1

Wählen Sie einen der Gegenstände und tragen diesen eine Weile in der Hand oder am Körper, damit er Ihren Geruch annimmt. Legen Sie ihn dann auf einer Wiese, im Garten oder in der Wohnung aus. Greifen Sie mit der Grillzange einen der geruchsneutralen, identischen Gegenstände und legen ihn ein kleines Stück daneben. Bei dieser Aktion sollte der Hund nicht zusehen.

Schritt 2

Holen Sie Ihren Hund dann hinzu und animieren ihn mit **SUCH'S** in der Nähe der Tücher oder Klammern zum Schnuppern. Wieder einmal kommt es auf die Bestätigung im richtigen Moment an. Sobald er mit der Nase den „richtigen" Gegenstand untersucht, folgen unmittelbar Verstärkung durch **GUT/CLICK** und ein leckerer Belohnungshappen. Wer mag, kann den Hund auch mit einem kurzen Spiel belohnen, das ihn allerdings nicht zu sehr aufdrehen sollte, denn das Training zur Identifikation von Gegenständen erfordert Konzentration. Es ist ganz egal, wenn es am Anfang so erscheinen mag, als sei das korrekte Schnuppern nur Zufall gewesen. Ihr Hund wird schnell lernen, seine Handlung mit der folgenden Bestätigung zu verbinden und die Erkennung Ihres Geruchs bereitet ihm ohnehin keinerlei Schwierigkeiten. Üben Sie auf dieser Stufe eine Weile.

Schritt 3

Sobald der Hund aus zwei Gegenständen den riechenden sicher heraussucht, können zusätzlich ein bis zwei weitere, geruchsneutrale mit ins Spiel gebracht werden. Auch hier soll der Hund beim Auslegen nicht zusehen. Legen Sie die Klammern/Tücher dabei nicht zu dicht zueinander, aber auch nicht zu weit auseinander und merken sich gut, welche Sie zuvor am Körper getragen haben. Sobald Ihr Hund den richtigen Gegenstand beschnuppert, folgen Verstärkung (**GUT**/**CLICK**) und Belohnung.

Suchen können schon die Kleinsten!

Tipp

Geschenke aus dem Handel

Mittlerweile hält der Handel für Geruchsidentifikationsspiele auch spezielle Hölzchen bereit. Vielleicht möchten Sie Ihren Hund ja zu seinem nächsten Geburtstag damit beglücken? Die Spielzeuge eignen sich auch als nettes Mitbringsel für Hundehalter im Freundeskreis.

Dieses schöne Nasenspiel lässt sich auf verschiedenste Weise variieren. Je nachdem, wie suchbegeistert Ihr Hund ist, kann die Anzahl der geruchsneutralen Gegenstände weiter gesteigert werden, sodass die Suche nach der richtigen Klammer o. Ä. immer anspruchsvoller wird. (Schwierig wird es dann oft für den Menschen, den richtigen Gegenstand nicht aus den Augen zu verlieren!) Wer einen Hund hat, der gern apportiert, kann sich das riechende Tuch oder die Klammer auch bringen lassen. Nach einiger Übung kann das Finden in höherem Gras eine neue Herausforderung sein. Dabei sollten allerdings nicht zu viele Gegenstände ausgelegt werden und die Abstände zwischen den einzelnen Stücken groß genug sein, damit Sie den Überblick behalten.

Übungsplan Nasenarbeit – Fährtentraining

Material zurechtlegen: Viele kleine weiche Leckerchen, das Fährtengeschirr (ein Brustgeschirr, das der Hund deutlich von seinen anderen Halsbändern/Geschirren unterscheiden kann), eine 2 bis 3 Meter lange Leine und evtl. einen Stock, um den Abgang zu kennzeichnen. Jackpot/Spielzeug als Belohnung.

Schritte	Wie wird's gemacht?	Wo?	Wie oft / Wie lange üben?	Hilfe, es klappt nicht!	Lernziel
Schritt 1	Binden Sie Ihren Hund an (er darf ruhig zusehen). Treten Sie einen Abgang (ein Dreieck) und legen Sie ein paar Leckerchen hinein. Gehen Sie jetzt einige Meter in kleinen Schritten geradeaus und legen Sie in jeden Schritt vor sich ein Leckerchen. Am Ende verstecken Sie einen Jackpot.	Auf einer Wiese, einem unbebauten Acker o. Ä.	Welpen und Junghunde: Fährtenlänge ca. 5 m, erwachsene Hunde ca. 10 m.	Hund ist zu abgelenkt oder nicht hungrig.	Hund folgt einer kleinen Leckerchenfährte.
Schritt 2	Gehen Sie mit dem Hund kurz vor den Abgang und geben Sie Ihr neues Hörzeichen. Deuten Sie auf den Boden und animieren Sie ihn.	Siehe oben.	2 Fährten hintereinander reichen völlig aus!	Hund nicht hungrig oder zu müde oder zu abgelenkt. Evtl. schmackhaftere Ledckerchen verwenden.	Siehe oben.
Schritt 3	Achtung Falle: Bleiben Sie IMMER hinter Ihrem Hund: er sucht, nicht Sie!	Siehe oben.	Siehe oben.	Helfen Sie nicht zu früh und lassen Sie ihn ruhig rechts und links von der Fährte schauen, wo es weitergeht. Er weiß nicht, dass es geradeaus geht!	Hund folgt der Leckerchenspur.
Schritt 4	Steigern des Schwierigkeitsgrades: Weniger Leckerchen, längere Fährte, Bögen und Ecken!	Siehe oben.	Achtung: Immer nur eine Variable ändern. Am besten ist es, wenn Sie ein Trainingstagebuch führen.	Eine leichtere Fährte legen und Schwierigkeit langsamer steigern.	Ziel für Welpen und Junghunde: 20 m mit Bögen. Erwachsene Hunde: Steigerbar auf mehrere 100 m.
Schritt 5	Es gibt nur noch einen Jackpot am Ende. Die Fährte kann zwischen dem Legen und dem Suchen ruhig länger liegenbleiben.	Unterschiedliche Bodensituationen einüben.	Zum Beispiel von Wiese auf Acker wechseln usw.	Siehe oben.	Siehe oben.

Spaß am großen Kreis

Longieren

Voraussetzungen Eine noch recht junge Beschäftigungsvariante für Draußen ist das Longiertraining für Hunde, das sicherlich jeder aus dem Pferdesport kennt. Man benötigt dazu einige Meter Flatterband und eventuell einige Erdanker, Stöcke (o. Ä.), um einen Kreis abzustecken sowie eine Handvoll kleiner Leckerlis. Der Mensch befindet sich beim Longiertraining in der Mitte des Kreises, von wo aus er seinen Hund führt, der nicht in den Kreis darf. Das Longieren fördert gezielte Bewegungs- bzw. Koordinationsabläufe. Es ist ein hervorragendes Kommunikations- und Bindungstraining für Mensch und Hund. Geeignet ist das Longieren für alle Vierbeiner.

So wird's gemacht

Schritt 1 Stecken Sie zunächst einen Ring von mindestens zehn Metern Durchmesser ab. Ein kleinerer Kreis könnte die Gelenke belasten. Dieser Richtwert orientiert sich an mittelgroßen Hunden und vierbeinigen Anfängern, die das Longieren gerade erlernen. Das Flatterband sollte optimalerweise so fixiert werden, dass es auf Brusthöhe des Hundes verläuft.

Wer es noch nicht kennt, mag es sich schwer vorstellen können: So gut wie alle Hunde, sogar solche, die ansonsten über eine recht hohe „Hörzeichenresistenz" verfügen, wollen bei dieser Übung unbedingt in den Kreis zu ihren Menschen. Die große Herausforderung des Longierens liegt also im Erlernen der Übung, im zuverlässigen Einhalten der Distanz zum Menschen und im Beachten der Signale, die der Mensch dem Hund aus dem Kreisinneren gibt. Daher ist nun eine deutliche Körpersprache und ein schrittweises Vorgehen gefragt.

Laufen Sie selbst zu Beginn innerhalb des Kreises, jedoch direkt am Band, sodass Sie nur wenige Zentimeter vom Hund auf der anderen Seite des Bandes trennen. Ihr Hund ist nicht an der Leine, kann aber Halsband oder Geschirr tragen. Laufen Sie nun los und halten dem Hund dabei eine Hand mit Leckerchen vor die Nase. Folgt er, belohnen Sie schon nach wenigen Schritten mit **GUT** (oder **CLICK**) und einem kleinen Happen. Dann geht es wieder weiter, immer noch direkt an der Seite des Hundes. Mit steigendem Erfolg laufen Sie bis zur Belohnung ein paar Schritte mehr.

Unterbinden Sie jeden Versuch des Hundes in den Kreis zu gelangen, bereits im Ansatz, indem Sie ihm Ihren Körper entgegenstellen und **STOPP** rufen. Sollte er dennoch in den Kreis springen, bugsieren Sie ihn mit **HOPP** und Handzeichen wieder nach

Falls Sie kein eingezäuntes Gelände zum Longieren haben oder der Hund zu unkonzentriert ist, können Sie für die ersten Runden auch eine Leine verwenden.

Ihre äußere Hand
ist die richtige
Zeigehand.

draußen. Seien Sie dabei mit der Stimme vor allem bei schüchternen und unsicheren Hunden nicht zu streng, sondern trainieren besser in neutralem Tonfall.

Versuchen Sie, die Laufstrecke noch weiter auszudehnen. Klappt dies, probieren Sie es in die andere Richtung, um einseitige Belastungen zu vermeiden und die Flexibilität des Hundes zu trainieren.

Schritt 2

Sobald Sie in beide Richtungen – immer noch eng beim Hund – laufen können und er nicht mehr versucht, den Kreis zu besteigen, versuchen Sie das Zirkeltraining auf eine kleine Distanz von etwa 40 bis 50 Zentimetern. Die Distanz zum Hund sollten Sie nun mit einem deutlichen Handzeichen füllen: Möchten Sie nach links laufen, strecken Sie die linke Hand aus, geht es nach rechts, die rechte. Belohnen Sie den Hund nach einigen erfolgreichen Metern mit ein, zwei Leckerchen, gestatten ihm aber nicht, in den Kreis zu kommen. Versuchen Sie dann, auch einmal etwas schneller zu laufen und vergessen weiterhin nicht, beide Richtungen zu trainieren. Hat Ihr Hund mit der kleinen Entfernung keine Probleme mehr, erhöhen Sie die Distanz schrittchenweise und arbeiten sich so weiter in die Mitte des Kreises vor. Möglich, dass Sie dabei sehr langsam vorgehen müssen, da der Hund immer wieder versucht, zu Ihnen zu kommen. Das macht gar nichts, sondern ermöglicht Ihnen im Gegenteil noch längere Freude mit dem Longieren.

Schritt 3   Sobald Sie den Hund von der Mitte aus nach rechts und links führen können, besteht die Möglichkeit das Zirkeltraining auf verschiedenste Arten zu erweitern bzw. zu verändern. So können Sie etwa das Flatterband niedriger fixieren oder ganz auf den Boden legen, anstatt es auf Brusthöhe des Hundes zu befestigen. Gut möglich, dass Sie dabei zunächst wieder näher am Hund trainieren müssen. Sie können den Zirkel auch etwas vergrößern, sofern Platz und Material ausreichen. Anstelle des Bandes können Sie mit Pylonen üben, die einen Kreis bilden – zunächst mit vielen, im Laufe des Trainings schließlich mit weniger Hütchen, die schließlich nur noch Eckpunkte markieren.

Eine weitere Herausforderung ist das Training verschiedener Gangarten. Dabei muss man erneut nah am Hund arbeiten und selbst mitlaufend die Geschwindigkeit vorgeben, die der Hund gehen soll. Üben Sie die einzelnen Gangarten dabei isoliert und mit schrittweisem Aufbau: Erst lernt der Hund die Gangart, indem Sie das Tempo vorgeben. Dann belegen Sie diese mit einem Namen – zum Beispiel **TRRRAB** – und trainieren fleißig, bis der Hund auf Ihr Signal zuverlässig traben gelernt hat. Erst danach widmen Sie sich dem

SCHRITT und **GALOPP**. Auch hier in beide Richtungen üben und die Distanz zum Hund nur langsam erhöhen! Wer mag, kann auch die Befolgung von Hörzeichen wie **SITZ** **PLATZ** oder **STEH** aus dem Kreis heraus einüben. Natürlich müssen diese Signale zuvor im ganz alltäglichen Kontext gut befolgt werden, bevor man sie in das Longiertraining integriert. Beginnen Sie damit erneut nah beim Hund und erhöhen die Entfernung je nach Erfolg immer mehr.

Übungsplan zum Longieren

Schritte	Wie wird's gemacht?	Wo?
Schritt 1	Sie gehen innen direkt an der Begrenzung, der Hund läuft außen. Drängt der Hund stark nach innen, evtl. alle 1 bis 2 m fürs Draußenbleiben belohnen.	Longierzirkel.
Schritt 2	Achten Sie auf Ihre Körpersprache: Ihre äußere Hand zeigt in Laufrichtung. Clicken Sie, während der Hund in Bewegung ist, sonst bestärken Sie stillstehen!	Siehe oben.
Schritt 3	Nehmen Sie sich für jede Trainingseinheit ein bestimmtes Ziel vor: - Hund läuft zügiger. - Sie können weiter in die MItte gehen. - Hund reagiert auf Richtungswechsel.	Siehe oben.
Schritt 4	Versuchen Sie, immer weiter in die Kreismitte zu kommen. Springt Ihr Hund zu Ihnen, schicken Sie ihn freundlich, aber bestimmt wieder hinaus und machen weiter.	Siehe oben.
Schritt 5	Sie stehen in der Mitte und der Hund läuft außen herum. Ganz fleißige Teams können nun noch an Tempowechseln üben.	Siehe oben.

Ihr Ziel: die Kreis-
mitte. Aber tasten
Sie sich langsam
vor, sonst springt
Ihr Hund zu Ihnen
in die Mitte.

Wie oft / Wie lange üben?	Hilfe, es klappt nicht!	Lernziel
Ein paar Runden reichen, je kleiner Ihr Kreis ist, desto weniger (engere Runden belasten die Gelenke mehr, bauen Sie also so groß wie möglich – mind. 10 m Durchmesser!).	Hund an der Leine führen und alle paar Schritte belohnen.	Hund läuft ein bis zwei Runden ggf. an der Leine.
Siehe oben.	Lassen Sie jemanden zuschauen, ob Ihr Timing stimmt. Es kann auch jemand zweites den Clicker betätigen.	Siehe oben.
Siehe oben.	Immer nur eine Variable trainieren!	Hund läuft 2 bis 3 Runden ohne Leine.
Siehe oben.	**Tipp:** Wir halten nichts davon, die Kreismitte vollständig zu tabuisieren. Später darf der Hund auf Einladung gern hineinspringen.	Sie können schon mehr in der Mitte mitlaufen.
Siehe oben.	Näher am Hund laufen, Belohnungsfrequenz erhöhen.	Sie können in der Mitte stehenbleiben!

Hundesportarten im Überblick

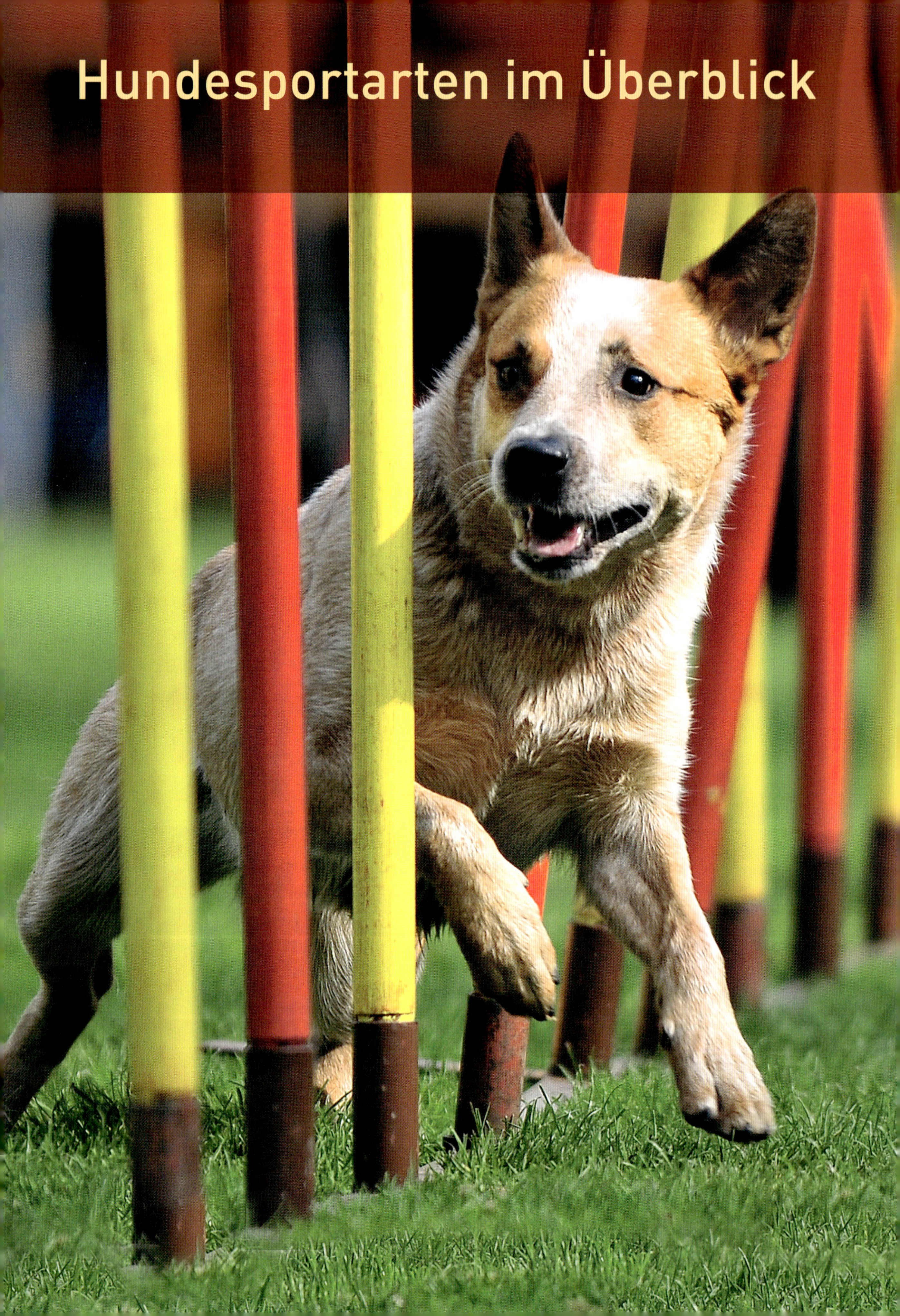

Vereins- und Gruppensportarten

In diesem Kapitel möchten wir Ihnen die gängigen Hundesportarten vorstellen, die im Alltag ebenfalls für Abwechslung und Auslastung sorgen können. Denn vielleicht haben Sie ja Lust das eigene Fitnessprogramm mit dem Ihres Hundes zu verbinden und sind dabei auf der Suche nach Gleichgesinnten? Schnuppern Sie einfach mal gemeinsam herein, so gut wie alle Vereine bieten für Interessierte ein unverbindliches Kennenlerntraining an.

Agility

Diese aus England stammende Hundesportart kam in den 80er-Jahren nach Deutschland und erfreut sich seither steigender Beliebtheit. So gut wie jede größere Stadt unterhält einen Agilityverein, der regelmäßig Schnupperkurse für Neulinge anbietet.

Was wird trainiert?

Ziel ist das Bewältigen eines Hindernisparcours auf Zeit. Ein Parcours besteht neben Sprunghindernissen u. a. aus sogenannten Kontaktzonenhindernissen (Kletterwand, Steg und Wippe) und Geräten wie Tunnel, Slalom und Weitsprung. Der Mensch lenkt seinen Hund im fortgeschrittenen Stadium ausschließlich über Stimme und Sichtzeichen, der Hund darf im Parcours nicht berührt werden. Je nach Hundegröße wird an unterschiedlich hohen Hindernissen trainiert: Kleine Hunde bis max. 35 cm Schulterhöhe starten in der Größenklasse Small, solche mit bis zu 42,99 cm in der Größenklasse Medium und alle ab 43 cm in Large. Agility kann man auf Hobby-Niveau just for fun trainieren, aber bei entsprechendem Trainingsstand auch auf Turnieren starten, die fast flächendeckend in ganz Deutschland, Österreich und der Schweiz angeboten werden – Voraussetzung ist eine erfolgreich absolvierte Begleithundeprüfung, eine Tollwutimpfung und eine Vereinsmitgliedschaft. Drei offizielle Leistungsklassen gilt es zu „durchwandern":

A0: Eine Art Schnupperturnier, bei dem Hunde unter 18 Monaten teilnehmen können. Die Teilnahme an A0 ist keine Voraussetzung für einen Start in der Leistungsklasse A1.
A1: Die unterste offizielle Leistungsklasse. Teilnehmende Hunde müssen mindestens 18 Monate alt sein.

Agility – der Sport
für gesunde und
bewegungsfreudige
Hunde

A2: Die mittlere Leistungsklasse.

A3: Die höchste Leistungsklasse.

Mitunter wird für Hunde über sechs Jahren eine Seniorenklasse angeboten.

Im Agilitysport gibt es mittlerweile Turniere auf internationaler Ebene und sogar Weltmeisterschaften fanden schon statt.

Für wen eignet sich Agility?

Um Agilitysport betreiben zu können, muss der Hund absolut gesund sein, was von einem Tierarzt gecheckt werden sollte. Sein Körperbau muss geeignet sein, die vielen Sprünge zu bewältigen. Für kurzbeinige Hunde mit langem Rücken empfehlen sich andere Beschäftigungen, was auch für körperbaulich schwere Hunde oder gar dicke Hunde gilt. Für Zwerg-Minis ist dieser Sport ebenfalls nicht geeignet, die Sprünge sind für sie zu hoch. Agility ist eine passende Sportart für Hunde, die bewegungsaktiv sind, gern springen und/oder nach Auslastung verlangen. Wichtig ist eine solide Grunderziehung und ein gesundes Sozialverhalten anderen Vierbeinern und Menschen gegenüber. Agility hat in der Regel positive Auswirkungen auf die nonverbale Kommunikation zwischen Hund und Besitzer und verlangt auch von Letzterem ein gewisses Maß an Fitness.

Weiterführende Informationen

Weitere Infos und Hilfe bci der Vereinssuche unter: www.agility.de. Informationen zu allen Sportarten und zur Vereinssuche in Deutschland erhalten Sie auch unter www.dhv-hundesport.de, der Internetseite des Deutschen Hundesportverbandes. Bei der Suche nach Agility-Infos für Österreich und die Schweiz wird man im Internet ebenfalls schnell fündig.

Dog Dance

Diese Sportart stammt ursprünglich aus Amerika.

Was wird trainiert?

Wie der Name schon sagt, bewegen sich hier Mensch und Hund gemeinsam zur Musik, was beim Menschen natürlich ein grundlegendes Interesse an tänzerischen Übungen voraussetzt. Durch körpersprachliche Signale und Hörzeichen lenkt der Besitzer seinen Hund und veranlasst ihn zu allerlei tänzerischen Kunststückchen wie Beinslalom, Rückwärtslaufen, Spanischem Schritt, Traversalen, Sprüngen über und durch die Beine, Drehungen usw., stets im Rhythmus der Musik. Dog Dance hat noch nicht die Verbreitung wie Agility, weswegen es etwas schwieriger ist, einen Dog-Dance-Klub direkt vor der Haustür zu finden.

Für wen eignet sich Dog Dance?

Dog Dance eignet sich für Hunde, die Freude an der gemeinsamen Bewegung mit ihren Menschen haben und die – natürlich – gesund und nicht zu schwer sind. Da man in der Regel in der Gemeinschaft trainiert, sollte der Hund sozial gut verträglich sein. Dog Dance wirkt auf den Hund ähnlich positiv wie der Agilitysport.

Weiterführende Informationen

Weitere Informationen erhalten Sie unter www.dogdance.info, der offiziellen Homepage für Dog Dance in Europa.

Dog Dance – Tricktraining auf hohem Niveau

Mobility

Was wird trainiert?

Bei Mobility handelt es sich nicht um einen Wettkampfsport, sondern um eine Beschäftigungsart, die mittlerweile in einigen Hundevereinen oder -schulen zusätzlich zum sonstigen Programm angeboten wird. Auch hier geht es um die Bewältigung eines Parcours, dessen Hindernisse anderen Hundesportarten in etwas abgeänderter Form entnommen sind. Anders als im Agility allerdings wird hier die Schnelligkeit nicht bewertet. Ziel ist vielmehr eine Überwindung der Hindernisse zur Gewöhnung und Steigerung der Selbstsicherheit beim Hund. In die Parcours werden zusätzliche Alltagshindernisse eingebaut, wie etwa Leiterwagen, in denen der Hund gezogen wird (und nicht umgekehrt!), Schirme, die in der Nähe des Hundes auf- und zugeklappt werden, Wellbleche, über die der Hund laufen soll usw. Bei Wettbewerben soll stets der Spaß an der Sache ohne jeden Leistungsdruck im Vordergrund stehen. Übrigens enthält ein Mobility-Parcours auch zehn Fragen an den Hundebesitzer, von denen mindestens acht richtig beantwortet werden sollen.

Für wen eignet sich Mobility?

Mobility eignet sich für alle körperlich gesunden Hunde, auch für noch fitte Senioren. Vor allem schüchterne und ängstliche Hunde können vom Mobility-Training profitieren, sofern die Übungsleiter deren Eigenarten erkennen und Förderung von Überforderung zu unterscheiden verstehen.

Weiterführende Informationen

Wenn Sie einen Verein suchen möchten, der Mobility anbietet, so versuchen Sie es unter www.vdh.de. Dort erfahren Sie alles über Vereine in Ihrer Nähe und deren Angebote.

Mobility wird leider viel zu wenig angeboten.

Flyball – Action!

Flyball

Hinter Flyball verbirgt sich ebenfalls eine ursprünglich aus Amerika stammende Hundesportart, die seit den 90er Jahren bei uns immer mehr Anhänger findet.

Was wird trainiert?

Ein Flyballparcours besteht aus vier Hürden, die in einer Reihe aufgestellt sind, und einer Flyballmaschine. Beim Flyball soll der Hund die Sprunghindernisse möglichst schnell überwinden, um dann an der Maschine einen Auslöser zu betätigen, den Ball zu fangen und damit – in ebensolcher Schnelligkeit – über die Hürden zurück ins Ziel zu laufen. Es gibt Einzelwettbewerbe, aber auch Parallell- und sogar Staffelläufe, bei denen mehrere Hunde als eine Mannschaft antreten. Die erste deutsche Meisterschaft fand 2008 in Hungen (Hessen) mit immerhin 33 Mannschaften aus ganz Deutschland statt. Übrigens: Flyballmaschinen kann man auch als Privatperson erwerben und dem Hund damit im eigenen Garten unter Umständen viel Freude bereiten!

Für wen eignet sich Flyball?

Besonders gut eignet sich Flyball für mittelgroße, nicht zu schwere Hunde, die sich gern schnell bewegen und eine gewisse „Bällchenfixiertheit" mitbringen. Was die gesundheitlichen Voraussetzungen betrifft, gilt dasselbe wie für alle bereits genannten Sportarten.

Weiterführende Informationen

Auf der Internetseite www.flyball.de (www.flyball.ch bzw. www.flyball.at) erfahren Sie Genaueres. Auf der Seite des VDH können Sie in Erfahrung bringen, ob ein erreichbarer Verein Flyball anbietet.

Turnierhundesport

Der Turnierhundesport, den es in Deutschland seit 1970 gibt, besteht aus verschiedenen Disziplinen, weswegen er auch als Breitensport bezeichnet wird.

Was wird trainiert?

Die bekanntesten Sparten des Turnierhundesports sind der Vierkampf, bestehend aus Gehorsamsübung, Hürden- und Hindernislauf, Slalom sowie der Geländelauf. Bei der Gehorsamsübung müssen Übungen ähnlich der Begleithundeprüfung absolviert werden: Sitz, Platz und Steh aus der Bewegung, Leinenführigkeit mit und ohne Leine stehen dabei im Vordergrund. Beim Hürdenlauf überwindet der Hund auf einer Strecke von 50 Metern drei 40 Zentimeter hohe und 1 Meter breite Hürden, während der Mensch neben ihm läuft. In einer weiteren Variante des Vierkampfes springen Mensch und Hund auf einer Strecke von 80 Metern gemeinsam über die Hürden. Bewertet werden Laufzeit und Fehlerpunkte. Beim Slalom durchlaufen Besitzer und Hund auf 75 Metern sieben Stangentore, wobei der Hund mit oder ohne Leine geführt werden kann. Beim Auslassen der Tore gibt es Strafpunkte, 10 Zusatzpunkte hingegen, wenn der Hund ohne Leine läuft. Der Hindernislauf ist eine stets gleichbleibende Hindernisstrecke, die der Hund auf der linken Seite des Menschen laufend überwindet. Die klassischen Hindernisse sind die Schrägwand, der Tunnel, der Laufsteg, Sprunghürden, Treppen, Reifen, der Hoch- sowie der Weitsprung. Beim Geländelauf läuft der angeleinte Hund mit seinem Menschen eine Strecke von 2000 oder 5000 Metern. Daneben werden Staffel-ähnliche Wettbewerbe durchgeführt. Im Turnierhundesport werden alle Teilnehmer in verschiedene Altersstufen eingeteilt, auch eine Trennung nach Männern und Frauen findet statt. Die teilnehmenden Hunde müssen mindestens 15 Monate alt sein, eine Begleithundeprüfung ist von Vorteil, jedoch keine Bedingung.

Turnierhundesport – für sportliche Mensch-Hund-Teams

Für wen eignet sich Turnierhundesport?

Die sportlichen Herausforderungen, die an Mensch und Hund gestellt werden, sind hoch. Deswegen ist der Turnierhundesport passend für aktive Menschen und Hunde, die Freude an regelmäßigem Training mit Gleichgesinnten haben. Für kleinere Hunde gibt es Extraklassen mit niedrigeren Sprunghindernissen.

Weiterführende Informationen

Vereine, die Turnierhundesport betreiben, finden Sie ebenfalls auf der Internetseite des VDH.

Slalomlauf – ein
Bestandteil des
Turnierhundesports

Dummyarbeit

Als Dummy bezeichnet man eine Art Bringsel, das optisch einer
großen Wurst ähnelt und zumeist aus Stoff ist, für das Training im
Wasser aus Gummi besteht oder aber mit Fell eingefasst sein kann.
Dummys gibt es in allen Größen, sogar für Chihuahuas.

**Was wird
trainiert?**

Dummyarbeit ist eine anspruchsvolle Art des Apportiertrainings,
in der es ursprünglich darum geht, jagdlich geführte Hunde für
die Arbeit am Wild vorzubereiten oder außerhalb der Jagdsaison
auszulasten und zu trainieren. Daneben ist es aber auch eine schöne
Möglichkeit, den Hund fit zu halten oder ihm eine Jagdersatzbe-
schäftigung anzubieten. Besonders empfehlenswert ist dieses Training für Retriever-Rassen und Jagdhunde, die als reine Familienhunde gehalten werden. Ein lohnenswertes Hobby ist es außerdem
für solche Vierbeiner, die von Haus aus gern Dinge in den Fang
nehmen und gut mit ihren Menschen kooperieren. Als Besitzer
sollte man Geduld, Ausdauer und Zeit mitbringen.

Unterschieden werden verschiedene Arten des Apports. Bei der sogenannten Markierung wird ein Dummy für den Hund sichtbar geworfen. Auf ein Hörzeichen darf er das Bringsel holen. Trainiert wird auch das Erinnerungsvermögen des Hundes, indem nach dem Werfen die Zeit bis zum Hörsignal hinausgezögert wird. Mitunter wird mit mehreren Dummys gearbeitet. Der Hund lernt auf entsprechende Signale, zuerst den angewiesenen zu holen. Bei einer anderen Variante weiß der Hund nicht, wohin der Dummy geworfen wurde. Hier wird er mittels Handzeichen und Pfeifsignalen in die richtige Richtung gelenkt, was ein hohes Maß an Teamarbeit erfordert. Das Dummytraining kennt noch eine Vielzahl weiterer Variationen, unter anderem die Wasserarbeit, bei der das Apportel aus dem Wasser geholt wird.

Weiterführende Informationen

Wer keinen Retriever hat, aber dennoch ein angeleitetes Dummytraining ausprobieren möchte, sollte sich nicht scheuen, bei den betreuenden Klubs nachzufragen: www.drc.de (www.retrieverclub.at bzw. www.retriever.ch). Auch einige Hundeschulen bieten Dummytraining an.

Team-Test

Das Training zum Team-Test ist streng genommen eigentlich keine sportliche Disziplin, sondern eine Form der Basisausbildung, die Mensch und Hund auf eine gemeinsame Prüfung vorbereitet. Entwickelt wurde der Team-Test vom Südwestdeutschen Hundesportverband (swhv), um einen Beitrag zum positiven Bild von Hunden und Hundehaltern in der Öffentlichkeit zu leisten. Da jedoch, ähnlich wie bei Hundesportarten, eine zielgerichtete, gemeinsame Beschäftigung Voraussetzung ist, möchten wir auch den Team-Test kurz vorstellen.

Für wen eignet sich das Team-Test-Training?

Geeignet ist das Team-Test-Training für alle Hunde und Menschen, die gern und mit Regelmäßigkeit in der Gemeinschaft Gehorsamsübungen trainieren möchten und den Ehrgeiz haben, sich danach einer Prüfung zu unterziehen. Bei der Auswahl eines passenden Vereins sollte man Wert darauf legen, dass über positive Verstärkung gearbeitet und auf Trainingsmethoden wie Leinenruck und Zughalsbänder verzichtet wird.

Was wird trainiert?

Geprüft und trainiert werden die Leinenführigkeit des Hundes und das sofortige Hinsetzen beim Stehenbleiben. In der sogenannten Freifolge wird dasselbe ohne Leine verlangt. In der Freifolge muss der Hund außerdem eng und freudig am linken Knie des Menschen laufen und sich beim Stehenbleiben ganz ohne Einwirkung hinsetzen. Trainiert werden weiterhin ein rasches **SITZ** und **PLATZ** mit dem unangeleinten Hund, wobei sich der Besitzer vom Hund entfernt. Aus dem **PLATZ** wird ein schnelles Herankommen auf Zuruf angestrebt. In einer weiteren Übung wird der Hund an einem Pfosten angebunden und dort abgelegt, während der Mensch außer Sichtweite geht. Ein anderer Trainings- und Prüfungsschwerpunkt ist die Unbefangenheit gegenüber Menschen, anderen Hunden, Joggern, Fahrrad- und Mopedfahrern. Hier müssen die Hunde, zum Teil ohne Leine, sehr gut auf Hörzeichen wie **PLATZ** auf Distanz oder **KOMM** reagieren. Sie dürfen außerdem niemanden belästigen und sollen sich aggressionsfrei verhalten.

Weiterführende Informationen

In der Regel bieten die dem VDH angeschlossenen Vereine Team-Test-Kurse und Prüfungen an. Eine Mitgliedschaft ist für die Teilnahme an Kursen oder Prüfungen keine Voraussetzung. Weitere Informationen über teilnehmende Vereine gibt es auf www.vdh.de.

Treibball

Treibball ist eine junge Sportart, die von dem holländischen Hundetrainer Jan Nijboer entwickelt wurde.

**Was wird
trainiert?**

Bei diesem interessanten Sport
geht es darum, Bälle, etwa in
Sitzball- oder Gymnastikball-
Größe, auf bestimmte Weise
einem Ziel zuzutreiben, ganz
ähnlich wie beim Einweisen
von Schafen in ein Gatter. Dabei
arbeitet der Hund in erster
Linie mit der Schnauze, aber
auch mit der Schulter. Die verwendeten Bälle sind von unterschiedlicher Farbe und Größe.
Der Mensch bestimmt die
Reihenfolge, in der die Bälle in
ein Tor getrieben werden sollen,

und lenkt den Hund dabei mit Stimm- sowie Pfeifsignalen und
Handzeichen. Weitere Spielvarianten sind das Umkreisen und
Überspringen oder das Suchen eines bzw. mehrerer Bälle. Mitunter
baut man für Fortgeschrittene Hindernisse ein, um die die Bälle
herumgetrieben werden sollen. Beim Treibball ist ein langsamer
und sorgfältiger Aufbau, am besten unter Anleitung, wichtig.

**Für wen eignet
sich Treibball?**

Treibball bietet Hütehunden ohne „Hütejob" eine hervorragende
Kompensation, passt aber auch gut zu anderen spielfreudigen Hun-
derassen und Mixen.

**Weiterführende
Informationen**

Viele Hundeschulen bieten Kurse und Seminare zum Thema
an. Fündig wird man im Internet. (Buchtipps zum Thema siehe
Seite 230).

Wer einen Hütehund hat und mit diesem das konkrete Hüten am
Tier trainieren möchte, kann sich auf der Hompage der Arbeits-
gemeinschaft Border-Collie Deutschland e. V. oder bei den Dachverbänden anderer Hütehundrassen über entsprechende Seminare
informieren. In Österreich hilft der Österreichische Kynologenverband, in der Schweiz der Border-Collie-Club weiter.

Zughundesport/Mushing

Für wen eignet sich Mushing?

Man muss nicht unbedingt einen Schlittenhund besitzen, um Zughundesport zu betreiben. Zughundesport bietet Sport, Spaß und Beschäftigung für alle lauffreudigen, großen Familienhunde, die die entsprechenden körperlichen und gesundheitlichen Voraussetzungen mitbringen. Besitzer von zwei oder mehreren Hunden haben hier die Möglichkeit, ihre Hunde gleichzeitig ausreichend auszulasten; ebenso Hundehalter, deren Tiere aufgrund eines starken Hetztriebes nicht ohne Leine laufen können. Auf Umweltreize und Artgenossen sollten Zughunde gelassen reagieren. Lernen und befolgen müssen sie sogenannte Start- und Stoppkommandos, außerdem Richtungs- und unterschiedliche Geschwindigkeitshörzeichen. Spezielle Zuggespanne für Hunde gibt es für Bollerwagen, Roller (Dog-Scooter) und fürs Fahrrad, außerdem für den Trike, ein dreirädriges Fahrrad. Das Sacco-Dog-Cart ist ein geländegängiges vierrädriges Wagengespann, bei dem hinter dem sitzenden Fahrer eine zweite Person stehen kann. Wie bei den meisten Zuggespannen können auch hier zwei Hunde eingespannt werden.

Ganz ohne Gefährt kommt Cani-Cross aus – hier laufen Mensch und Hund gemeinsam, wobei der Hund (oder zwei Hunde) ein Zuggeschirr trägt und über eine Zugleine mit Ruckdämpfer am Bauchgurt des Menschen befestigt ist.

Im Sommer wird mit dem Trainingswagen trainiert.

Beim bekannteren Schlittenhundesport, auch Mushing genannt, werden Hunde (das geht durchaus schon mit zwei lauffreudigen Tieren) vor einen speziellen Hundeschlitten gespannt. Ob Zughundesport etwas für den eigenen Hund ist, sollte man unbedingt unter erfahrener Anleitung ausprobieren. Nur so ist gewährleistet, dass Geschirr, Gespann und Anforderungen individuell zum Hund passen.

Weiterführende Informationen

Die Internetseite www.zughundesport.de enthält eine Linkliste mit Seminaren und Angeboten zum Zughundesport vorwiegend von Hundeschulen in ganz Deutschland. Jede Menge Angebote findet man im Internet auch für die Schweiz und Österreich.

Laufen, laufen, laufen!

Obedience/Rallye Obedience

Die aus England stammenden Hundesportart Obedience, in der es auch Wettbewerbe gibt, wird mitunter als „Hohe Schule" der Unterordnung bezeichnet.

Was wird trainiert?

Im Zentrum steht eine möglichst exakte Ausführung aller Übungen. Diese ähneln den Gehorsamsübungen von Schutzhunde- und Team-Test-Prüfungen: Fuß-Gehen mit und ohne Leine, **SITZ**, **PLATZ**, **STEH** aus der Bewegung, **BLEIB**-Übungen mit und ohne Sichtkontakt, Abrufen und Vorausschicken. Daneben gibt es eine Apportier- und Geruchsidentifikationsübung mit mehreren Hölzern. Anspruchsvoll sind Distanzkontrollübungen, bei denen der Hund auf Entfernung vom Menschen Positionswechsel (**SITZ**, **PLATZ**, **STEH**) befolgen lernt. Es wird Wert auf eine exakte Ausführung gelegt, dennoch ist Obedience ein Sport der leisen Töne. Ein weiteres markantes Merkmal ist die Anwesenheit eines Ringstewards bei Prüfungen, der dem Besitzer mitteilt, welche Übung als nächstes vorzunehmen ist. Ein festgelegtes Schema für alle Prüflinge gibt es also nicht, daher müssen Hund und Besitzer bei Wettbewerben flexibel alles Gelernte abrufen können.

Für wen eignet sich Obedience?

Obedience kann mit Hunden aller Größen geübt werden. Als Mensch sollte man an exaktem und geduldigem Training Gefallen finden. Diese Sportart ist eine schöne Herausforderung für die Kommunikation, denn der Mensch-Hund-Umgang wird als eigene Übung gewertet. Interessant ist Obedience auch, da es älteren, weniger sportlichen und behinderten Menschen und sogar gehandicapten Hunden offen steht und keine außergewöhnliche Sportlichkeit oder Fitness verlangt wird. Bei der Bewertung soll auf Rasse und Besonderheit eines jeden Hundes Rücksicht genommen werden.

Obedience – für Alle, die gern genau und ruhig trainieren

Weiterführende Informationen

Unter www.obedience.de (www.obedience.ch bzw. www.obedience-austria.at) können Sie mehr über Anbieter in Ihrer Nähe erfahren. Relativ neu ist Rallye Obedience, eine Mischung aus Obedience und Agility. Genaueres dazu unter: www.rallyobedience.de. und für die Schweiz unter der oben genannten Adresse.

Military (Schweiz)

Ein neuer Trend, der derzeit vor allem in der Schweiz Anhänger hat. Organisiert wird Hunde-Military in der Regel von Hundevereinen.

Was wird trainiert?

Mensch und Hund bewältigen eine ausgewiesene Laufstrecke in Wald, Feld und Wiese von etwa zwei bis vier Stunden. An verschiedenen Stationen warten die unterschiedlichsten Herausforderungen auf Mensch und Hund. Die benötigte Zeit spielt dabei keine Rolle, für die Bewältigung der Aufgaben an den Stationen werden Punkte vergeben. Folgende „Disziplinen" gibt es: Mit einem Wasserbecher in der einen und der Hundeleine in der anderen Hand muss ein kleiner Slalom absolviert werden. Gemessen an der Wassermenge, die am Slalomende noch im Becher ist, werden Punkte verteilt. Außerdem: Gehorsamsübungen oder Kunststückchen, Nasenarbeit, Flussüberquerungen, Abrufen durch eine Leckerchengasse, Fahren in einem Bollerwagen und Ähnliches.

Weiterführende Informationen

Schauen Sie einfach mal bei den Angeboten örtlicher Hundevereine nach. Es ist sicherlich nur eine Frage der Zeit, bis man sich auch in Deutschland inspirieren lässt und Hunde-Military-Rallyes für Jedermann anbietet.

Tipp

Youtube nutzen

Zu vielen Hundesportarten gibt es mittlerweile kleine Filme auf Youtube (www.youtube.com). Hier bekommt man einen oft abendfüllenden, unterhaltsamen Eindruck und kann sich ein Bild von vielen Beschäftigungsmöglichkeiten für Hunde machen.

Discdogging

Was wird trainiert?

Discdogging ist eine immer beliebter werdende Hundesportart, bei der eine Frisbee-Scheibe im Mittelpunkt des Geschehens steht. Seit einiger Zeit werden beim Discdogging speziell für Hunde gefertigte Scheiben verwendet. Wie viele Trends im Hundesport kommt Discdogging aus Amerika, wo es in den 70er Jahren entstand. Seit 2004

Discdogging bitte nur mit absolut gesunden Hunden

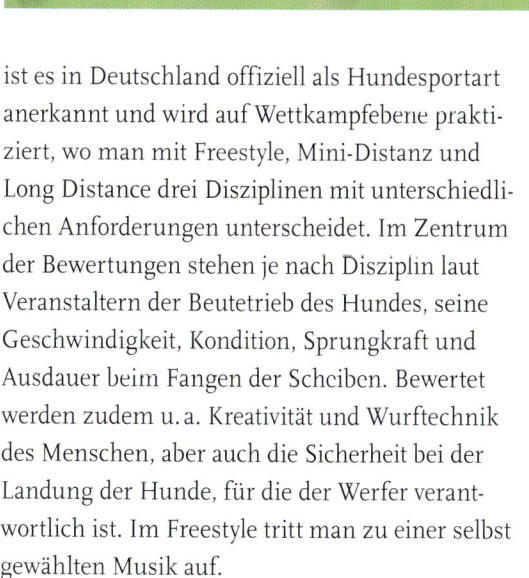

ist es in Deutschland offiziell als Hundesportart anerkannt und wird auf Wettkampfebene praktiziert, wo man mit Freestyle, Mini-Distanz und Long Distance drei Disziplinen mit unterschiedlichen Anforderungen unterscheidet. Im Zentrum der Bewertungen stehen je nach Disziplin laut Veranstaltern der Beutetrieb des Hundes, seine Geschwindigkeit, Kondition, Sprungkraft und Ausdauer beim Fangen der Scheiben. Bewertet werden zudem u. a. Kreativität und Wurftechnik des Menschen, aber auch die Sicherheit bei der Landung der Hunde, für die der Werfer verantwortlich ist. Im Freestyle tritt man zu einer selbst gewählten Musik auf.

Für wen eignet sich Discdogging?

Für Discdogging soll der Hund in jeglicher Hinsicht absolut gesund und körperlich komplett ausgereift sein, was durch eine tierärztliche Untersuchung bestätigt werden muss. Wer einen bewegungsaktiven, spielfreudigen und nicht zu kleinen Hund hat und sich für diese Sportvariante interessiert, sollte zuvor einen Kurs besuchen, ganz gleich, ob er Hobby- oder Turnierniveau anstrebt. Discdogging verlangt eine Menge Technik vom Menschen und eine individuelle Anpassung an den eigenen Hund, um Überforderungen zu vermeiden. Auch müssen bestimmte Sicherheitsmaßnahmen, wie gymnastische Aufwärmungen usw., beachtet werden, über die man sich informieren lassen sollte.

Weiterführende Informationen

Derzeit werden Seminare und Kurse vorwiegend auf gewerblicher Ebene angeboten, die im Internet zu finden sind. Informativ kann der Besuch eines Wettkampfes sein, wie etwa des jährlich in Karlsruhe stattfindenden Butch Cassidy Cups. Weitere Termine sind unter www. discdogging-magazin.de zu finden.

Hunderennen

Für wen eignen sich Hunderennen?

Bei Hunderennen denkt man in erster Linie zunächst an Windhunderennen, von denen es innerhalb dieses Sports zwei Arten gibt. Beim Wettrennen auf der Rennbahn, geht es ausschließlich um Geschwindigkeit, beim sogenannten Coursing wird das Jagdverhalten der Hunde in die Bewertung mit einbezogen. Diese Form der Hunderennen richten sich in der Tat vor allem an folgende Windhundrassen: Afghane, Azawakh, Barsoi, Chart Polski, Deerhound, Galgo Espanõl, Greyhound, Irish Wolfhound, Magyar Agar, Sloughi, Whippet und das Italienische Windspiel. Wer einen Windhund hat und diesem die Möglichkeit bieten möchte, regelmäßig Hunderennen zu laufen, kann sich an seinen Mitgliedsverband richten, um dort die genauen Startbedingungen zu erfragen. Immer beliebter aber werden Hunderennen auch bei Hundebesitzern anderer Rassen bzw. Mischungen aller Couleur und werden daher mittlerweile von einigen Hundevereinen oder -schulen im deutschsprachigen Raum regelmäßig angeboten. Fast schon legendär ist inzwischen das Itzehoher Dackelrennen, bei dem es neben der „Dackelklasse" eine für alle anderen Vierbeiner offene Klasse gibt. In der Regel wird eine Strecke von bestimmter Länge (häufig um die 50 Meter) abgesteckt, der Hund am Start von einer Hilfsperson fixiert und animiert zu seinem Besitzer zu laufen, der am Ziel wartet. Um eine Vergleichbarkeit zu gewährleisten, werden die startenden Hunde in unterschiedliche Größenklassen eingeteilt. Die Veranstaltungen haben in aller Regel reinen Spaßcharakter und stehen allen Hundefreunden, zumeist unter Vorlage eines Impfpasses, offen. Meistens wird eine Startgebühr erhoben, die einem guten Zweck zugeführt wird. Wer einmal an einem solchen Hunderennen teilgenommen hat, wird es mit Sicherheit immer wieder tun, denn die unverbissene und lustige Stimmung dort ist ungemein ansteckend und macht einfach Lust auf mehr. Teilnehmende Hunde sollten gegenüber Menschen und Artgenossen unbefangen sein, da es auf diesen Veranstaltungen hoch hergeht.

Weiterführende Informationen

Auch wir veranstalten einmal im Jahr ein Hunderennen, über das Sie sich unter www.hundeschule-aschaffenburg.de informieren können.

Aufwärmen vor dem Start nicht vergessen!

Mantrailing gewinnt
auch im Hobby-
bereich immer
mehr Anhänger!

Mantrailing

**Was wird
trainiert?**

Unter Mantrailing versteht man Personensuche mit Hilfe von
Hunden, die Mantrailer genannt werden. Der Hund lernt, mithilfe
seines Geruchssinns verschiedene menschliche Gerüche zu unterscheiden. Benötigt werden dazu ein sogenannter Geruchsträger,
etwa ein Kleidungsstück, und Informationen über den Abgangsort
der vermissten Person.

**Für wen eignet
sich Mantrailing?**

Für professionelle Mantrailing-Arbeit ist eine gezielte und aufwen-
dige Ausbildung erforderlich, die in der Regel unter der Obhut der
Rettungshundeverbände vorgenommen wird, bei denen man sich
über die entsprechenden Voraussetzungen erkundigen kann. Mantrailing ist auch für den Familienhund, ganz gleich welcher Rasse
und Größe, auf Hobby-Ebene eine tolle und sinnvoll auslastende
Beschäftigung, die sich auszuprobieren lohnt.

Weiterführende Informationen

Mittlerweile gibt es einige Hundeschulen und Vereine, die für Interessierte Mantrailer-Kurse in Theorie und Praxis anbieten. Im Internet erfährt man in aller Regel Genaueres über entsprechende Angebote im heimischen Umkreis. Und da beim Mantrailing an der langen Leine und mit Geschirr gearbeitet wird, muss niemand fürchten, dass sein Hund während der Suche Ausflüge ganz anderer Art unternimmt.

ZOS nach Baumann

Was wird trainiert?

Bei der sogenannten Ziel-Objekt-Suche (ZOS) handelt es sich um eine systematisierte, anspruchsvolle Suche nach bestimmten, vom Menschen ausgelegten kleinen Objekten, die sogar nur die Größe einer Büroklammer haben können. Entwickelt wurde diese Form der Nasenarbeit von dem ehemaligen Polizei- und Diensthundespezialisten Thomas Baumann. Es ist generell für alle Hunde, auch für die kleinsten, geeignet und kann auch in Haus und Garten betrieben werden. Zielobjektsuche gibt es auch auf Wettkampfebene mit vier Leistungsklassen (Genaueres unter www.dogworld.de). ZOS ist eine sehr gute Möglichkeit, den Hund psychisch auszulasten und, ernsthaft betrieben, alles andere als unanstrengend. In der Ausbildung beginnt man in der Regel mit Gegenständen wie Feuerzeugen oder Kugelschreibern, gearbeitet wird mit positiver Verstärkung und Belohnung. Die Hunde lernen hier nicht nur einen Gegenstand zu erschnüffeln, sondern sollen ihn auch eindeutig sichtbar anzeigen, indem sie beispielsweise ins **PLATZ** gehen.

Weitere Elemente des ZOS sind u. a. die Trümmerfeldsuche, die Päckchenstraße und die Freiflächenübung. Bei der Trümmerfeldsuche ist ein Gegenstand in einem Haufen anderer Gegenstände versteckt. Bei der Päckchenstraße stehen viele kleine Eimer mit Deckel nebeneinander und nur einer enthält den ausgelegten Gegenstand und bei der Freiflächenübung wird ein Gegenstand auf einer 200 qm großen Grasfläche ausgelegt. Der Besitzer muss hier auf einem Weg in der Mitte bleiben, während sein Hund sucht und verweist.

Weiterführende Informationen

Mehr zum Thema Zielobjektsuche nach Baumann finden Sie im Internet unter www.dogworld.de und unter www.zielobjektsuche.net

Schutzhundesport/Mondioring

Was wird trainiert?

Beim Schutzhundesport, der heute auch unter dem Begriff Vielseitigkeitssport fungiert, geht es um verschiedene Disziplinen, in denen der Hund trainiert und geprüft wird. Neben der Unterordnung und dem Fährtentraining ist der sogenannte Schutzdienst das Kernstück dieser Sportart, bei der man drei Leistungsklassen unterscheidet. Beim Schutzdienst handelt es sich rein historisch um die älteste Hundesportart, die aus dem Polizeihundewesen entstanden ist und leider noch oft mit veralteten Methoden trainiert wird. Eine Variante des Schutzhundesports ist Mondioring, das als sportliche Prüfung von den Dachverbänden in Deutschland allerdings nicht anerkannt ist. Die ersten Polizeihunde wurden 1896 in Hildesheim

eingestellt, um den Beamten im Nachtdienst Hilfe und Schutz zu bieten. Ausbilder und Propagandisten des Hundes im Polizeidienst waren zunächst Vereine, wie der 1902 gegründete „Verein zur Förderung der Zucht und Verwendung von Polizeihunden" und der Verein für Deutsche Schäferhunde, der Rundschreiben an Polizei und Stadtverwaltungen schickte, in denen er zur Unterstützung der Polizei im Sicherheitsdienst die Verwendung von Deutschen Schäferhunden empfahl. Heute unterscheiden sich die sportliche Ausbildung zum Schutzhund und die Ausbildung der Polizei so stark, dass sie praktisch nichts mehr miteinander zu tun haben. Zudem bilden die Behörden ihre Hunde heutzutage selber aus, sodass eine gesellschaftliche Notwendigkeit für den privaten Schutzhundesport nicht mehr existiert.

Für wen eignet sich der Schutzdienst?

Beim Schutzdienst nun soll der Hund, auf seinem Beutetrieb basierend, lernen, einen Helfer bzw. gestellten Angreifer korrekt zu verbellen, zu bewachen, dessen Schutzärmel als Beute anzusehen und zu fassen. Dabei soll er laut Statuten unter der absoluten Kontrolle seines Führers stehen und dessen Anweisungen, wie **FUSS** und **AUS**, jederzeit befolgen. Richtig und ausschließlich mit wesensfesten Hunden trainiert, mag gegen die sportliche Schutzhundausbildung nichts zu sagen sein. Das dicke „Aber" jedoch folgt auf dem Fuß, denn „Richtig" setzt in diesem Bereich sehr Vieles voraus: Einen absolut nervenstarken und umweltsicheren Hund, eine solide durchgeführte Basiserziehung UND eine rein auf Spielmotivation

aufbauende Ausbildung im Bereich Schutzdienst. Werden alle diese Punkte sorgfältig beachtet, kann der Hund die „Arbeit am Mann" als reines Spiel ansehen lernen.

Um jedoch an seine Beute zu kommen, muss sich der Hund wehrhaft zeigen, was vor allem dann bewusst hervorgerufen wird, wenn der Hund nicht ausreichend „nach vorn geht". Problematisch dabei ist die regelmäßige Verstärkung und Belohnung dieser Wehrhaftigkeit und bei unsicheren Hunden deren Selbstverteidigungsverhaltens. Bei einer schlecht durchgeführten oder gar abgebrochenen Schutzhundausbildung besteht durchaus die Gefahr, dass der Hund lernt, bei Bedrohungssituationen und Unsicherheiten anzugreifen. Diese Möglichkeit einer Übertragung auf Alltagssituationen spricht unseres Erachtens für ein generelles Verbot des Schutzdienstes in Privathand.

So finden Sie die richtige Sportart für Ihren Hund

Inzwischen ist das Angebot an Sportarten und Beschäftigungsmöglichkeiten in Vereinen und Hundeschulen riesig. Bitte seien Sie bei der Auswahl der Sportart Ihrem Hund und sich selbst und auch den Ausbildern bzw. Trainern gegenüber kritisch und objektiv:

Darauf sollten Sie achten

Passt der Sport zu mir und zu meinem Hund? Ist der Hund auch körperlich dazu geeignet? Betrachten Sie die Ausbildungsmethoden des Vereins oder der Hundeschule kritisch (am besten erst einmal bei einem Besuch ohne Hund – wenn Ihnen das nicht gestattet wird, können Sie gleich wegbleiben!): Wie wird mit den Hunden umgegangen? Wie mit den Menschen? Wird bei bewegungsintensiven Sportarten auf eine gute und sinnvolle Aufwärmphase geachtet? Viele Wege führen nach Rom, auch in der Hundeerziehung – aber möchten Sie auch jeden Weg gehen? Hören Sie auf Ihr Bauchgefühl! Bei kleineren Unstimmigkeiten sollten Sie nachfragen: Ein guter Ausbilder kann Ihnen jederzeit eine logische und sachliche Begründung liefern.

Vorsicht jedoch: Neben leicht erkennbaren brutalen Methoden sind inzwischen auch vermeintlich sanfte Methoden (oft angepriesen als „Erziehung ohne Hilfsmittel") im Umlauf, die jedoch mit sozialer Isolation (z. B. stundenlanges Wegsperren in abgedunkelte Boxen) oder starker körperlicher Einschüchterung „arbeiten".

Soziales Engagement mit Hund

Für Menschen, die nach einer anspruchsvollen, auslastenden Beschäftigung für ihren Hund suchen, die daneben auch gemeinnützigen Charakter hat, gibt es unterschiedliche Möglichkeiten. Bevor man allerdings ein entsprechendes Engagement in Betracht zieht, sollte man sich gut informieren. Die Träger sind in der Regel ehrenamtlich tätig und wenden viel Mühe und Zeit für ihre Arbeit auf. Hundefreunde zu betreuen, die einfach nur mal unverbindlich reinschnuppern möchten, ist ihnen oft schlicht nicht möglich. Nicht selten aber bieten die verantwortlichen Organisationen Themenabende oder Vorträge für Jedermann an und sind zudem immer dankbar für Fördermitglieder, die sie mit einem kleinen (oder natürlich auch größeren) regelmäßigen Beitrag unterstützen.

Rettungshund

Voraussetzungen und Ausbildung

Um als Rettungshund eingesetzt zu werden, muss der Hund eine Rettungshundeprüfung durchlaufen und erfolgreich abgeschlossen haben. Die Einsatzgebiete und die Ausbildungsschwerpunkte von Rettungshunden sind unterschiedlicher Art. Neben dem bereits beschriebenen professionellen Mantrailing werden sie zur Flächensuche und zur Trümmersuche eingesetzt, wobei es darum geht, Vermisste oder Verschüttete in realen Katastrophensituationen zu finden. Bei der klassischen und stark belastenden Lawinensuche wird unter Schnee gesucht. Weitere Einsatzfelder für Rettungshunde sind die Wassersuche, die auch die eigenständige Rettung bewusstloser Opfer beeinhalten kann, die Leichensuche sowie die Ortung Ertrunkener.

Rettungshunde arbeiten immer mit ihren Führern zusammen, in aller Regel gemeinsam mit weiteren ausgebildeten Mensch-Hund-Teams. Mehrere gemeinsam arbeitende, organisierte Teams bezeichnet man als Rettungshundestaffel. Träger von Ausbildung und Prüfungen sind Hilfs- und Rettungsorganisationen wie das Deutsche Rote Kreuz, das Technische Hilfswerk, der ASB, die Johanniter, die Malteser, die Feuerwehr, der Bundesverband Rettungshunde e. V., der Bundesverband zertifizierter Rettungshundestaffeln e. V. und der Deutsche Rettungshundeverein e. V.

Rettungshundearbeit – kein Sport, sondern eine ernsthafte, ehrenamtliche Tätigkeit, die viel Engagement und Zeit vom Hundebesitzer erfordert.

Welche Mensch-Hund-Teams sind geeignet?

Die Anforderungen sind hoch: Jeder Rettungshundeführer muss neben einer Menge Zeit eine sehr gute körperliche und mentale Verfassung mitbringen. Dasselbe gilt für den Hund, der bei

Auch Hubschrau-
berflüge gehören
zur Rettungs-
hundeausbildung
dazu.

Ausbildungsbeginn optimalerweise zwischen sechs und zwölf
Monate alt ist. Eine sechsmonatige Probezeit ist üblich. Aggression,
Unsicherheit oder gar Ängstlichkeit darf ein Rettungshund in spe
nicht zeigen. Rein äußerlich ist der ideale Rettungshund von mittlerer Größe und nicht zu schwer, eine generelle Festschreibung auf
spezielle Rassen oder einen Auschluss von Mischlingen gibt es
nicht. Wer diese Laufbahn ernsthaft erwägt, sollte sich am besten
mit Aktiven in den entsprechenden Verbänden austauschen und
ganz konkret erfragen, was auf Mensch und Hund zukommt. Im
Rettungsdienst Tätige wissen nämlich nicht nur von anspruchsvoller Ausbildung und Belastungen zu erzählen, sondern auch davon,
wie großartig es ist, sich selbst und die Fähigkeiten des Hundes in
den Dienst einer so ehrenvollen Aufgabe zu stellen.

Therapiehunde, Besuchshunde

Tätigkeitsfeld

Die sogenannte Tiergestützte Therapie eröffnet Mensch und Hund
ein weiteres, anspruchsvolles gemeinnütziges Betätigungsfeld.
Eingesetzt werden hier neben anderen Tieren speziell ausgebildete
Therapiehunde, die gezielt in die Behandlung eines medizinisch
oder therapeutisch behandlungsbedürfigen Menschen an der Seite

von Ärzten, Therapeuten usw. einbezogen werden. Grundlage ist die mittlerweile wissenschaftlich mehrfach bestätigte positive Wirkung von Hunden auf den Menschen in vielfacher Hinsicht. Anders als der Assistenzhund, der beständig an der Seite des gehandicapten Menschen lebt, kommt der Therapiehund nur zu bestimmten Zeiten zum Einsatz und lebt ansonsten mit seinem Besitzer im gewohnten Umfeld.

Wer Interesse an einer entsprechenden Ausbildung hat, muss heute allerdings ganz genau hinschauen, denn immer wieder ist von schwarzen Schafen zu hören, die mit überhöhten Kursgebühren das schnelle Geld machen möchten und weder über eine Ausbildung noch über Erfahrung im Bereich der Tiergestützten Therapie verfügen. Der Besuchshund, der vor allem in Seniorenheimen und geronto-psychiatrischen Häusern zum Einsatz kommt, hat in erster Linie eine soziale Funktion. Der Verein „Tiere helfen Menschen" (www.thmev.de) sucht in diesem Bereich ständig Aktive, die diesbezüglich tätig werden möchten, gibt Informationen und betreibt Aufklärung. Auf der Seite des Vereins finden Sie Ansprechpartner in ganz Deutschland. Unter www.tiergestuetzte-therapie.de können Sie sich allgemein über den Einsatz von Hunden zu therapeutischen Zwecken informieren. Es gibt auch sehr interessante und lesenswerte Literatur zum Thema Tiergestützte Therapie wie zum Beispiel: „Menschen brauchen Tiere. Grundlagen und Praxis der Tiergestützten Pädagogik & Therapie". Von Olbrich, Erhard, Otterstedt, Carola (Hrsg.).

Ein Besuchshund schenkt vielen Menschen sehr viel Freude.

Schulhund

Tätigkeitsfeld

Wer Lehrer oder Pädagoge an einer Schule ist und einen kinder- und lärmsicheren Hund hat, für den kann es unter Umständen lohnenswert sein, sich innerhalb der sogenannten Hundegestützten Pädagogik in der Schule – auch Hupäsch genannt – zu engagieren. Der Hund ist hier in der Regel „nur" anwesend, während der Lehrer seinen Unterricht wie gewohnt weiterführt. Erste Versuche diesbezüglich sind ermutigend: Die Anwesenheit von Hunden in der Schule soll zu mehr Ruhe, Rücksichtnahme und zu weniger Aggression untereinander führen. Unter www.schulhundweb.de erhalten Interessierte umfassende Informationen zum Thema sowie die Adressen von Verbänden und Vereinen, die Hundegestützte Pädagogik in der Schule unterstützen und fördern.

Service

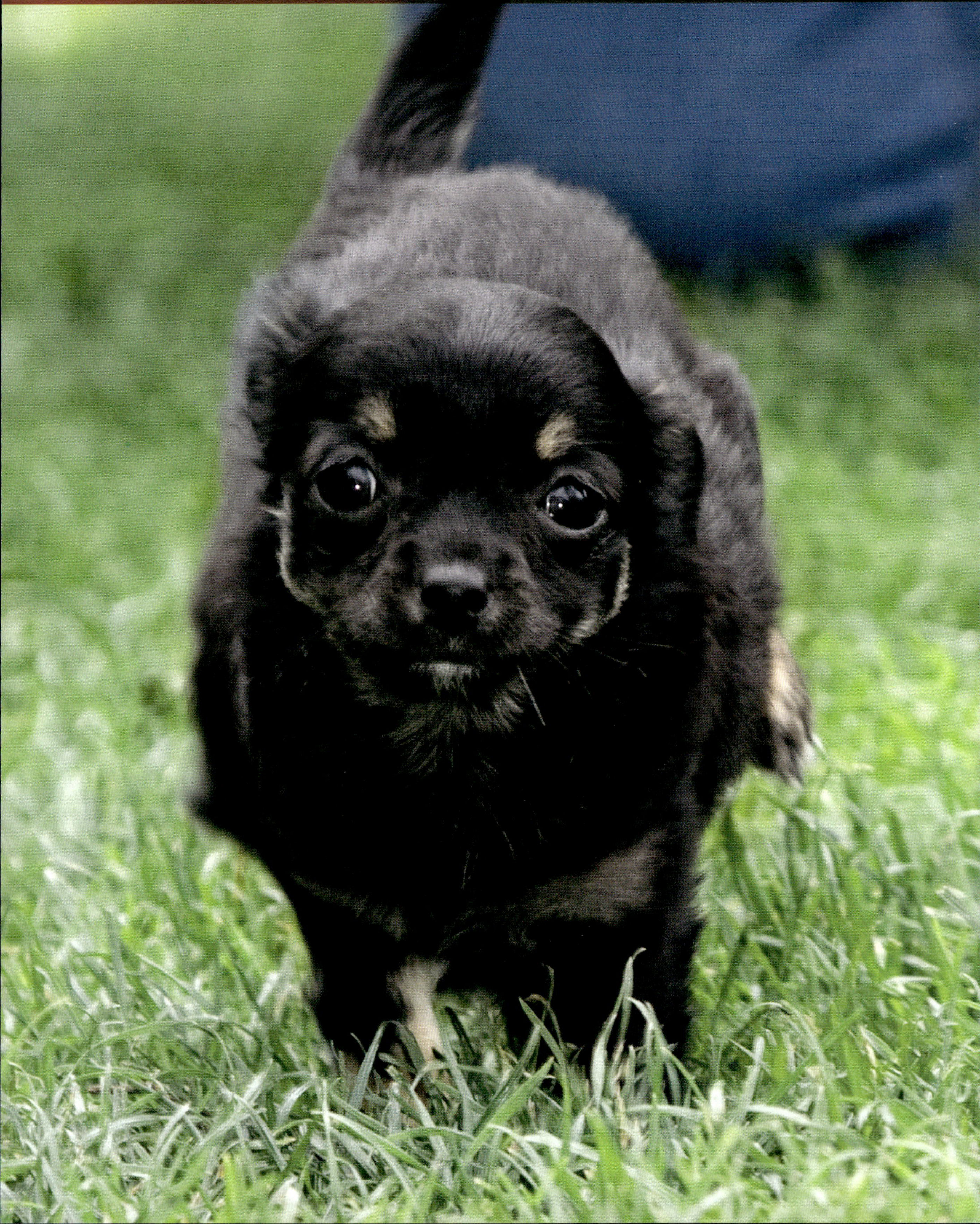

Kontakt

Aschaffenburger Hundeschule

Die Aschaffenburger Hundeschule
Petra Führmann und Iris Franzke GbR
Ernsthofstraße 14
63739 Aschaffenburg
Tel.: 06021-20156
Fax: 06021-219194
info@hundeschule-ab.de
www.hundeschule-ab.de

Wenn Sie Probleme haben

Wenn Sie ein Problem mit Ihrem Hund haben, können Sie sich gerne an uns wenden. Bitte bedenken Sie, dass wir keinerlei Ferndiagnosen stellen können und dies auch in höchstem Maße unseriös wäre. Sie können uns aber gerne in unserer Hundeschule besuchen. (Anfragen bitte per E-Mail oder mit frankiertem Rückumschlag – Herzlichen Dank!)

Hundezubehör

Sinnvolles und von uns getestetes Hundezubehör finden Sie in unserem Onlineshop unter
www.hundeshop-ab.de

Hundetrainer-Ausbildung

Sie möchten Hundetrainer werden oder sich fortbilden? Infos und Seminarangebote finden Sie unter
www.hundetrainer-werden.de

Die Autorinnen – von linke nach rechts: Iris Franzke, Petra Führmann und Nicole Hoefs

Zum Weiterlesen

Actun, Karin: **Hundefrisbee. Flotte Scheiben, flinke Sprünge**. Kosmos, 2011.

Buksch, Dr. med. vet. Martin: **Notfallapotheke für Hunde – für unterwegs.** Kosmos, 2007.

Doepp, Simone und Gabriele Metz: **Trick Dogs. Coole Kunststücke für pfiffige Hunde.** Kosmos, 2009.

Doepp, Simone und Gabriele Metz: **Trick Dogs. Der Spaß geht weiter. Geschick und Akrobatik für pfiffige Hunde**. Kosmos, 2012.

Feddersen-Petersen, Dr. Dorit: **Ausdrucksverhalten beim Hund.** Kosmos, 2008.

Feddersen-Petersen, **Dr. Dorit: Hundepsychologie. Sozialverhalten und Wesen, Emotionen und Individualität.** Kosmos, 2004.

Führmann, Petra und Iris Franzke: **Erziehungsprobleme beim Hund. Verhaltensprobleme verstehen und lösen**. Kosmos, 2004.

Führmann, Petra und Iris Franzke: **Zwei Hunde – doppelte Freude. Haltung und Erziehung von zwei und mehr Hunden.** Kosmos, 2005.

Führmann, Petra und Nicole Hoefs: **Hundeerziehung – für unterwegs.** Kosmos, 2010.

Führmann, Petra, Nicole Hoefs und Iris Franzke: **Die Kosmos Welpenschule mit DVD.** Kosmos, 2012.

Führmann, Petra, Nicole Hoefs und Iris Franzke: **Kleine Hunde – große Freunde.** Kosmos, 2008.

Führmann, Petra: **Erziehungsspiele für Hunde – für unterwegs.** Kosmos, 2010.

Handelman, Barbara: **Hundeverhalten. Mimik, Körpersprache und Verständigung. Mit über 800 ausdrucksstarken Fotos.** Kosmos, 2010

Hares, Michaela und Viviane Theby: **Agility. Sport und Spaß für Hund und Mensch**. Kosmos, 2011

Hoefs, Nicole und Petra Führmann: **Auf Hundepfoten durch die Jahrhunderte. Kulturgeschichten rund um den Hund.** Kosmos, 2009.

Heinrichsen, Melanie, König, Ariane und Nadine Minkner: **Longiersport für Hunde. Runde um Runde die Bindung vertiefen.** Kosmos, 2010.

Hoefs, Nicole und Petra Führmann: **Das Kosmos-Erziehungsprogramm für Hunde.** Buch und DVD. Kosmos, 2006.

Lausberg, Frank: **Erste Hilfe für Hunde – für unterwegs.** Kosmos, 2010.

Nijboer, Jan: **Treibball für Hunde – für unterwegs**. Kosmos, 2010.

Olbrich, Erhard und Carola Otterstedt: **Menschen brauchen Tiere. Grundlagen und Praxis der tiergestützten Pädagogik und Therapie.** Kosmos, 2003.

Pietralla, Martin: **ClickerTraining für Hunde – für unterwegs.** Kosmos, 2010.

Pietralla, Martin: **ClickerTraining für Hunde.** Kosmos, 2000.

Rustige, Babara: **Hundekrankheiten: Vorsorge, Diagnose, Behandlung.** Kosmos, 2012

Schneider, Dorothee: **Fährtentraining für Hunde.** Kosmos, 2005.

Zvolsky, Norma: **Die Kosmos-Retrieverschule. Grunderziehung und Dummytraining.** Kosmos, 2009.

Zvolsky, Norma: **Trainingsbuch für Retriever: Markieren, Einweisen, Verlorensuche.** Kosmos, 2010

Nützliche Adressen

Verband für das Deutsche Hundewesen e. V. (VDH)

Westfalendamm 174

44141 Dortmund

info@vdh.de

www.vdh.de

Österreichischer Kynologenverband (ÖKV)

Sigfried Marcus Strasse 7

2362 Biedermannsdorf

Österreich

office@oekv.at

www.oekv.at

Schweizerische Kynologische Gesellschaft SKG

Brunnmattstrasse 24

3007 Bern

Schweiz

skg@skg.ch

www.skg.ch

Hundeschule gesucht?

Interessengemeinschaft unabhängiger Hundeschulen e. V.

Geschäftsstelle

Ernsthofstraße 14

63739 Aschaffenburg

Tel: 06021-20156

www.ig-hundeschulen.de

Register

Bildnachweis

Die Farbfotos für dieses Buch wurden von Verena Scholze / Kosmos extra für dieses Buch angefertigt.
Tatjana Drewka (1 Foto: S. 224), Juniors-Bildarchiv (6 Fotos: S. 158, 159, 179, 225, 226, 227), Oliver Giel: (10 Fotos: S. 1, 168, 188, 208, 209, 213, 217, 222), Mareike Rohlf (2 Fotos: S. 210), Christoph Salata / Kosmos (22 Fotos: S. 29, 30, 94, 95, 96, 97, 166, 185, 186, 187), Sabine Stuewer / Kosmos (8 Fotos: S. 24, 25, 27, 202, 204, 222/223), Vivien Venzke / Kosmos (2 Fotos: S. 148, 149, 194).

Impressum

Umschlaggestaltung von eStudio Calamar unter Verwendung von Farbfotos von Juniors-Bildarchiv (U1) und Verena Scholze / Kosmos (U4). Das Foto auf der Umschlagvorderseite zeigt einen Elo.

Mit 317 Farbfotos

Alle Angaben in diesem Buch erfolgen nach bestem Wissen und Gewissen. Sorgfalt bei der Umsetzung ist indes dennoch geboten. Der Verlag und die Autorinnen übernehmen keinerlei Haftung für Personen-, Sach oder Vermögensschäden, die aus der Anwendung der vorgestellten Materialien und Methoden entstehen könnten.

Unser gesamtes lieferbares Programm und viele weitere Informationen zu unseren Büchern, Spielen, Experimentierkästen, DVD, Autoren und Aktivitäten finden Sie unter **kosmos.de**

Gedruckt auf chlorfrei gebleichtem Papier

© 2012, Franckh-Kosmos Verlags-GmbH & Co. KG, Stuttgart
Alle Rechte vorbehalten
ISBN 978-3-440-11628-9
Redaktion: Ute-Kristin Schmalfuß
Gestaltungskonzept: eStudio Calamar
Gestaltung und Satz: Atelier Krohmer, Dettingen/Erms
Produktion: Eva Schmidt
Printed in Italy / Imprimé en Italie

FSC
www.fsc.org
MIX
Papier aus ver-
antwortungsvollen
Quellen
FSC® C015829

Die Aschaffenburger Hundeschule

Petra Führmann & Iris Franzke GbR

DIE HUNDESCHULE

- Verhaltensberatung
- Hundeerziehung
- Problemhund-Therapie
- Individuelles Einzeltraining
- Sport- und Spielgruppen
- Ausflüge
- Ferienkurse
- Workshops und Fortbildung für Hundehalter

www.hundeschule-ab.de

AUSBILDUNG ZUM HUNDETRAINER

- Kennenlernen
- Praktikum
- Ausbildung
- Fortbildung
- praktischer und theoretischer Unterricht
- Ausbildungsinhalte werden individuell zusammengestellt
- max. 3 Teilnehmer gleichzeitig

www.hundetrainer-werden.de

BEKLEIDUNG UND COOLE HUNDESHIRTS

- mit Originalzeichnungen von Petra Führmann
- T-Shirts aus der Hundeschule Aschaffenburg
- Accessoires selbst zusammenstellen
- Eigene Shirts selbst gestalten mit unseren Hunde-Motiven

http://pfotentreff. spreadshirt.de

DER HUNDELADEN + ONLINESHOP

- Sinnvolle Hundeartikel
- Unsere Bücher und DVDs
- Allergie-, Gesundheits- und Biofutter
- Artgerechte Spielsachen
- Großes Sortiment
- Messeneuheiten
- Online-Shop 24h

www.hundeshop-ab.de

Hundeschule Aschaffenburg
Petra Führmann und
Iris Franzke GbR

Ernsthofstraße 14
63739 Aschaffenburg

Telefon: +49 6021 - 20156
Fax: +49 6021 - 219194
Mail: info@hundeschule-ab.de

KOSMOS.
Mehr wissen. Mehr erleben.

Führmann • Hoefs
Das Kosmos Erziehungsprogramm für Hunde
256 S., 400 Abb., €/D 26,90

Führmann • Hoefs • Franzke
Kosmos Welpenschule mit DVD
256 S., 380 Abb., €/D 24,99

Alles, was man wissen muss!

Das Kosmos Erziehungsprogramm gilt als das Standardwerk für eine erfolgreiche Hunde-erziehung. Mit diesem Buch kann jeder Hund zu einem fröhlichen und gehorsamen Gefährten

erzogen werden. Die Basis ist eine Vielzahl von sanften Methoden, die individuell an jedes Mensch-Hund-Team an-gepasst werden können. Weit über 1.000 Hunde haben die Autorinnen mit diesen Methoden erzogen.

Die DVD zum Buch

Laufzeit ca. 50 Min. €/D 34,90

So gelingt's!

Hundefreunde, die sich umfassend infor-mieren möchten, finden hier alles rund um den Welpen: Wie finde ich den Hund, der zu mir passt? Wie bereite ich mich auf den Familienzuwachs vor? Und wie erziehe ich den Welpen zu einem gehorsamen und fröhlichen Begleiter? „Die Kosmos Welpenschule" zeigt für jeden Welpen die richtige Methode. Mit Schritt-für-Schritt-Anleitungen, Fotosequenzen und Übungs-plänen. Dank DVD kann der Leser die Erziehungsübungen jetzt noch einfacher nachvollziehen. Ein tolles Angebot, bei dem man einfach zugreifen muss.

kosmos.de/hunde